ライブラリ 物理学グラフィック講義=1

グラフィック講義
物理学の基礎

和田 純夫 著

サイエンス社

サイエンス社のホームページのご案内
http://www.saiensu.co.jp
ご意見・ご要望は　rikei@saiensu.co.jp　まで.

●● はじめに ●●

　このライブラリは，高校で物理を履修していない読者を念頭に置いて執筆した．大学1，2年あるいは高専での教科書，参考書として利用していただくことを想定している．

　第1巻に当たるこの巻はこのライブラリの最後に執筆したものだが，すでに出版済みの5巻をベースに，大学の基礎物理学として重要な部分を取り出し，また必要に応じて新規に書き下ろした．問題も他の5巻のものが主体になっている．通年の講義で扱える程度の分量だと思う．

　物理学の基本は力学と，それの延長として，熱現象を含むエネルギーの理解だろう．それに本書の前半4章があてられる．エントロピーについては私の持論に従い，原子レベルからの見方で説明した．電磁気は第3巻と同様に，導入に水流モデルとの類推を使ったが，身近な題材として回路の話をしてから（第5章），電場，磁場，そして電磁誘導の話（第6章）へと進む．

　量子力学（第7章）では，なぜそれが必要になったのか，そして粒子を波で表すとはどういうことなのかという説明をし，シュレーディンガー方程式の導入までを解説する．

　最後の相対論（第8章）では，光速度不変性という現象によって新しい時空観が必要になったこと，その結果がローレンツ変換という式で表されることを解説する．さらに，$E = mc^2$ という有名な関係式を，「時間方向の運動方程式」というものから導く．そして最後に，それが現代の素粒子物理学（自然界を構成する最も基本的な粒子についての学問）に結び付くという話をする．

　量子力学も相対論も深くは踏み込んでいないが，現代物理学の面白さと不思議さを少しでも感じていただきたいと思う．

2013年3月

和田純夫

目次

第1章 位置・速度・加速度　1
- 1.1 物理量と単位 ... 2
- 1.2 基本単位と組立単位 ... 4
- 1.3 数字の扱い方 ... 6
- 1.4 貯める1 ... 8
- 1.5 貯める2 ... 10
- 1.6 速度から位置へ―積分 ... 12
- 1.7 位置から速度へ―微分 ... 14
- 1.8 速度の正負・変位の正負 ... 16
- 1.9 加速度とその正負 ... 18
- 1.10 等加速度運動 ... 20
- 1.11 放物運動 ... 22
- 章のまとめ ... 24

第2章 力と運動　25
- 2.1 慣性の法則（運動の第1法則） ... 26
- 2.2 運動方程式（運動の第2法則） ... 28
- 2.3 力と運動の関係 ... 30
- 2.4 重力の性質 ... 32
- 2.5 作用・反作用の法則（運動の第3法則） ... 34
- 2.6 垂直抗力・摩擦力 ... 36
- 2.7 方向とベクトル ... 38
- 2.8 等速円運動の加速度と力―方向 ... 42
- 2.9 等速円運動の加速度と力―大きさ ... 44
- 章のまとめ ... 46

目　次　　　　　　　　　　　iii

第3章　エネルギーと運動量　47

- 3.1　力学的エネルギー 48
- 3.2　仕事 50
- 3.3　仕事の原理 52
- 3.4　バネの力 54
- 3.5　振動 56
- 3.6　万有引力とそのエネルギー 58
- 3.7　運動量保存則 60
- 章のまとめ 62

第4章　熱・エネルギー・エントロピー　63

- 4.1　内部エネルギー 64
- 4.2　熱 66
- 4.3　熱力学第1法則 68
- 4.4　温度と熱平衡 70
- 4.5　理想気体の状態方程式 72
- 4.6　理想気体の内部エネルギー 74
- 4.7　不可逆過程と熱力学第2法則 76
- 4.8　粒子の分配 78
- 4.9　粒子数が膨大なときの確率分布 80
- 4.10　微視的状態数 82
- 4.11　エントロピーと温度 84
- 4.12　エントロピーの応用 86
- 章のまとめ 88

第5章　電荷と電流　89

- 5.1　摩擦電気と電荷 90
- 5.2　水流モデル 94
- 5.3　電気エネルギー 96
- 5.4　消費電力とオームの法則 98

目次

- 5.5 電気関係の単位 100
- 5.6 回路の基本 102
- 5.7 直列接続・並列接続 104
- 5.8 キルヒホッフの法則 106
- 章のまとめ 108

第6章　電磁気の法則　　109

- 6.1 クーロンの法則 110
- 6.2 電場と電気力線 112
- 6.3 電気エネルギーと電位 114
- 6.4 電池が作る電位 116
- 6.5 磁気力と磁場 118
- 6.6 磁気現象の基本法則 122
- 6.7 磁石の性質の電流による説明 124
- 6.8 磁場と磁気力の大きさ 126
- 6.9 磁気力（ローレンツ力） 128
- 6.10 発電機とモーター 130
- 6.11 電磁誘導 132
- 6.12 磁気力による起電力との違い 134
- 章のまとめ 136

第7章　量子力学　　137

- 7.1 新しい物理学 138
- 7.2 干渉 140
- 7.3 プランクの量子仮説 142
- 7.4 アインシュタインの提案 144
- 7.5 原子の構造 146
- 7.6 原子についての問題点 148
- 7.7 ド・ブロイの物質波 150
- 7.8 電子の2スリット実験 152

目　　次　　v

- 7.9　共存の程度 154
- 7.10　発見確率か存在確率か 156
- 7.11　シュレーディンガー方程式 158
- 章のまとめ 162

第8章　相対性理論と素粒子の世界　　163

- 8.1　相対性原理 164
- 8.2　光速度不変性 166
- 8.3　同時性の破れ 168
- 8.4　時空図 170
- 8.5　時空の座標系 172
- 8.6　座標軸の目盛り―ローレンツ変換 174
- 8.7　新しい速度の合成則 176
- 8.8　運動方程式の変更 178
- 8.9　質量エネルギー 180
- 8.10　ミクロな粒子のエネルギー 182
- 8.11　素粒子の世界 184
- 章のまとめ 187

演習問題　　188

演習問題解答　　198

索　　引　　209

単位

記号	読み方	物理量	よく使われる記号	初出箇所
m (基本単位)	メートル	長さ (位置座標)	x, r など	1.1 項
s (基本単位)	セカンド（秒）	時間	t	1.2 項
kg (基本単位)	キログラム	質量	m	1.2 項
m^3	立方メートル	体積	V	1.1 項
m/s	メートル毎秒	速度	v	1.4 項
m/s^2	メートル毎秒毎秒	加速度	a	1.9 項
N $(=kg\,m/s^2)$	ニュートン	力	F	2.3 項
K (基本単位)	ケルビン	絶対温度 (摂氏温度+273.15)	T	4.5 項
J $(=N\,m=kg\,m^2/s^2)$	ジュール	エネルギー 仕事 熱	E, U W Q	4.3 項
cal	カロリー	熱 (1 cal≒4.2 J)	Q	4.3 項
V $(=W/A=J/C)$	ボルト	電圧／電位差 起電力	V ε	5.2 項, 5.5 項
W $(=J/s)$	ワット	電力	P	5.5 項
A (基本単位)	アンペア	電流	I	5.5 項, 6.8 項
C $(=A\,s)$	クーロン	電荷 (電気量)	Q, q	5.5 項
Ω $(=V/A=W/A^2)$	オーム	抵抗	R	5.5 項

（ミリ（m），キロ（k）その他の接頭辞については 5 ページ参照）

物理定数

記号	名称	数値	初出箇所
g	重力加速度	$9.8\,\mathrm{m/s^2}$	2.4 項
		（場所によって 1% 未満の違いがある．本書ではしばしば $10\,\mathrm{m/s^2}$ とする．）	
μ	静止摩擦係数	物質によって異なる	2.6 項
		（0.1～1 程度の場合が多い）	
μ'	動摩擦係数	物質によって異なる	2.6 項
		（静止摩擦係数の 80% 程度の場合が多い）	
k	バネ定数	物質・形状によって異なる	3.4 項
G（ニュートン定数）	重力定数	$6.673\cdots\times 10^{-11}\mathrm{m^3 kg^{-1} s^{-2}}$	3.6 項
N_A	アボガドロ数	$6.022\cdots\times 10^{28}$	4.5 項
R	気体定数	$8.314\cdots\mathrm{J/K}$	4.5 項
k（k_B とも書く）	ボルツマン定数	$\dfrac{R}{N_\mathrm{A}}$	4.5 項
e	電気素量	$1.602\cdots\times 10^{-19}\mathrm{C}$	5.5 項
$\dfrac{1}{4\pi\varepsilon_0}$（$k$ とも書く）	電荷間の電気力を決める係数	$c^2\times 10^{-7}\mathrm{kg\,m/C^2}\doteqdot 9.00\times 10^9\mathrm{N\,m^2/C^2}$	6.1 項
$\dfrac{1}{4\pi\mu_0}$	電流間の磁気力を決める係数	$1\times 10^{-7}\mathrm{N/A^2}$	6.8 項
h	プランク定数	$6.626\cdots\times 10^{-34}\mathrm{J\,s}$	7.3 項
$\hbar$（ディラック定数）	エイチバー	$\dfrac{h}{2\pi}=1.054\cdots\times 10^{-34}\mathrm{J\,s}$	7.11 項
c	光速度	$299{,}792{,}458\,\mathrm{m/s}$（約 30 万 km 毎秒）	8.2 項

第1章

位置・速度・加速度

　物体は動いていると位置が変化する．位置の変化は各時刻での速度から計算できる．それはグラフの面積として，数学的に言えば積分として表現される．また逆に，速度は位置の変化から計算できる．それはグラフの傾きとして，数学的には微分として表現される．さらに，速度の変化は加速度という量によって表される．加速度の計算方法，そして等加速度という重要な運動を学ぶ．速度も加速度も正負の方向を注意して考える必要がある．

- 物理量と単位
- 基本単位と組立単位
- 数字の扱い方
- 貯める1
- 貯める2
- 速度から位置へ—積分
- 位置から速度へ—微分
- 速度の正負・変位の正負
- 加速度とその正負
- 等加速度運動
- 放物運動

1.1 物理量と単位

物理で登場する量(物理量)は単なる数ではない.一般に単位が付いた量であり,単位まで考えないと大小関係がわからない.また単位を考えることで,量の物理的意味も見えてくる.

> **課題 1** プールに 1 時間当たり $120\,\mathrm{m}^3$(立方メートル)の水を入れ続けることは,1 分間当たりどれだけの水を入れ続けることになるか.
> **解答** 1 時間は 60 分だから,120 を 60 等分して
> $$120 \div 60 = 2$$
> したがって 1 分間当たり $2\,\mathrm{m}^3$.

つまり 120 と 2 は数字としては違うが,1 時間当たり $120\,\mathrm{m}^3$ と,1 分間当たり $2\,\mathrm{m}^3$ は,同じことを意味する.

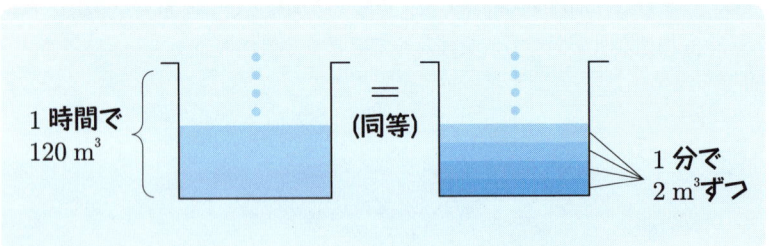

このことをさらに理解するために,次の等式から出発しよう.

$$1\,\text{時間} = 60\,\text{分}$$

1 と 60 は違うが,単位が違うので間違いではない.$120\,\mathrm{m}^3$ という同じ量を,上の式のそれぞれで割れば

$$120\,\mathrm{m}^3 \div 1\,\text{時間} = 120\,\mathrm{m}^3 \div 60\,\text{分} \qquad (1)$$

各辺の単位は次のように表現される.

$$\text{左辺} = (120 \div 1) \times (\mathrm{m}^3 \div \text{時間}) = 120 \times (\mathrm{m}^3/\text{時}) = 120\,\mathrm{m}^3/\text{時}$$

1.1 物理量と単位

「/」は分数であることを示す．単位の掛け算や割り算をするのが気持ち悪い人は，m^3 は $1\,m^3$ とみなすなど，単位には 1 が付いていると考えればよい．「時」は時間の略であり，「$m^3/$時」は立方メートル毎時と読む．

一方，式 (1) の右辺は

$$\text{右辺} = (120 \div 60) \times (m^3 \div \text{分}) = 2\,m^3/\text{分}$$

「$m^3/$分」は，立方メートル毎分と読む．120 と 2 は違うが，$120\,m^3/$時と $2\,m^3/$分は等しい．

> **課題 2** プールに $120\,m^3/$時の割合で水が入っているとき，20 分ではどれだけの水が増えるか．
>
> **解答** $120\,m^3/$時は $2\,m^3/$分のことだったから，20 分では
>
> $$2\,m^3/\text{分} \times 20\,\text{分} = 40 \times ((m^3/\text{分}) \times \text{分}) = 40\,m^3$$
>
> 分という単位が分母と分子で打ち消し合って，答えの単位は m^3 だけになる．あるいは $120\,m^3/$時をそのまま使って
>
> $$120\,m^3/\text{時} \times 20\,\text{分} = (120 \times 20) \times ((m^3/\text{時}) \times \text{分})$$
> $$= (120 \times 20) \times m^3 \times (\text{分}/\text{時}) = (120 \times 20 \times 1/60) \times m^3$$
>
> としてもよい．ただし，分/時 = 1 分/1 時間 = 1/60 を使った．

上の答えの $40\,m^3$ という量は，20 分間に実際に変化した量なので，**変化量**と呼ぶ．一方，$2\,m^3/$分は，そのときの変化の速さであり，**変化率**と呼ぶ．この課題では水の流入の話をしているので，それぞれ流入量，流入率と呼ぶこともできる．

同じような関係にあるのが位置の変化と速度である．ある時間内の物体の位置座標の変化量（移動距離）を**変位**と呼び，変位の速さ，つまり位置の変化率を**速度**と呼ぶ．たとえば 2 分で $60\,m$ 進んだときの物体の速度（この 2 分間の平均速度）は

$$60\,m \div 2\,\text{分} = 30\,m/\text{分} = 30\,m/60\,\text{秒} = 0.5\,m/\text{秒}$$

つまり分速で 30 メートル毎分，秒速で表すと 0.5 メートル毎秒となる．

1.2 基本単位と組立単位

前項の問題で流入率の単位は,「体積の単位÷時間の単位」という組合せで表された.また体積の単位である立方メートルm^3(mの3乗)も,縦,横,高さがそれぞれ$1m$の立方体の体積として決められた単位である.

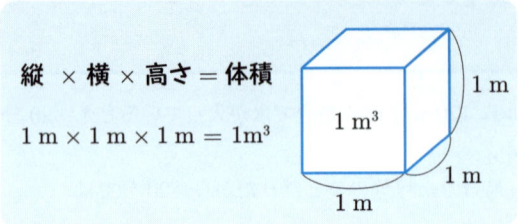

このように,幾つかの単位を組み合わせてできた単位を**組立単位**といい,m(メートル)や,時あるいは分など単独の単位を**基本単位**という.

基本単位：長さ,時間,質量　どの量の単位が基本単位になるのか,どれが組立単位になるのか.あるいは基本単位は幾つ必要なのか.それらは絶対的に決まるものではなく,さまざまな決め方がある.しかし現在の物理学では世界的に統一された方法があり,それを**SI単位系**（国際単位系,International Standardの仏語の略）という.ここではその中でも力学に関係した部分だけを説明しよう（電磁気に関係した単位は第5章を参照）.

力学に限定すれば,国際単位系では基本単位として,長さ,時間,および質量の3つの単位を選ぶ.そして具体的には,長さの単位にメートル（m, meterの略）,時間の単位に秒（s, secondの略）,そして質量の単位にキログラム（kg, kilogramの略）を使う.

たとえば$1m$は,以前は北極から赤道までの長さの千万分の一と定義されていたが,現在では,「光が真空中を1秒間に進む距離の299,792,458分の1」といった（一見奇妙な）定義がなされており,また時間の単位「秒」は,セシウムという原子の振る舞いから定義されている.これらの定義は,技術および物理学の進歩により少しず

力学の基本単位

長さ … m
時間 … s
質量 … kg

つ変更されており，ここでは，何らかの最先端の技術を使って決められていると理解しておけばいいだろう．

大きな数・小さな数　質量の単位キログラム（kg）は，グラム（g）という単位にキロという言葉（接頭辞）を付けたものである．キロというのは一般に千倍という意味で，たとえばキロメートル（km）といえば，メートルの千倍である．ただSI単位系では便宜上の理由により，1 kgという量がまず定義され，その千分の一として1 gという量が定義される．

注　パリの通称アルシーブという場所に1つの白金の塊（大きな分銅のようなもの）があり，その質量を1 kgと定義する．質量という概念については2.2項参照．○

一方，たとえばミリメートル（mm）のミリとは千分の一という意味だから，1 m = 1000 mmである．センチメートル（cm）のセンチは百分の一という意味である．このように，大きな数や小さな数を表すときには，接頭辞を付けた単位を使うと便利である．

デカ(da)	10倍	$\times 10$		デシ(d)	10分の1	$\times 10^{-1}$
ヘクト(h)	100倍	$\times 10^2$		センチ(c)	100分の1	$\times 10^{-2}$
キロ(k)	1000倍	$\times 10^3$		ミリ(m)	1000分の1	$\times 10^{-3}$
メガ(M)	100万倍	$\times 10^6$		マイクロ(μ)	100万分の1	$\times 10^{-6}$
ギガ(G)	10億倍	$\times 10^9$		ナノ(n)	10億分の1	$\times 10^{-9}$
テラ(T)	1兆倍	$\times 10^{12}$		ピコ(p)	1兆分の1	$\times 10^{-12}$

（たとえば $10^3 = 10 \times 10 \times 10$, $10^{-3} = 1/10 \times 1/10 \times 1/10$）

たとえば，1ナノメートル（1 nm）は10億分の1メートル，すなわち100万分の1ミリメートルになる．また時間については，分（= 60秒）や時（= 60分）という単位も慣習で使われ，英字表記ではminあるいはhと記すが，この本では漢字表記にする．秒についてはこれからは「s」で表す．

1.3 数字の扱い方

物理で単位の扱いは重要だが，数字の扱いもそれに劣らず重要である．

課題 1 長さ 44.6 mm と，長さ 34 mm の 2 本の棒をつなげた．全体の長さはどうなるか．一方は 0.1 mm までの詳しさで，もう一方は 1 mm までの詳しさで測定しているが，これは長さを測るのに使った道具が違ったためである．

考え方 44.6 mm + 34 mm = 78.6 mm ではダメということを言いたい問題．2 本目の棒の 34 mm が正しいにしても 0.1 mm レベルの測定をしていないのだから，33.5 mm から 34.5 mm の間だと考えるべきである．したがって合計は 78.1 mm から 79.1 mm の間にある．

解答 単純に足した答えの 78.6 mm を四捨五入して 79 mm とする（ただし 78.6 mm ± 0.5 mm という答え方もありうる．78.6 mm − 0.5 mm から 78.6 mm + 0.5 mm の間に入る可能性が大きいという意味である）．

```
     44.6
 +)  34.?
    ─────
     79.?
```

足し算や引き算の場合，答えの最後の位は，精度が最も悪い値の最後の位とする．次に掛け算・割り算の場合を考えよう．

課題 2 A 君が運動場の P 点から Q 点まで走った．腕時計で時間を測ったところ 23 秒だった．また，P から Q までの距離を巻尺で測ったところ 162.85 m だった．A 君は，どれだけの平均速度で走ったことになるか．

考え方 162.85 m ÷ 23 s = 7.08043478 ··· m/s ではまずい．右の計算からわかるように答えの 3 桁目は怪しい．

解答 7.080 ··· を 3 桁目で四捨五入して 7.1 m/s．

```
              7.0?
    23.?? )162.85??
           161.??
          ───────
             1 ??
             1 ??
```

掛け算・割り算する数字のうちで，最も桁数の小さな値に答えの桁数を合わせ

1.3 数字の扱い方

ると考えればよい．この課題では 23 s に合わせて答えも 2 桁とする．このことを，「**有効数字**は 2 桁である」といういい方をする．

次は，非常に大きい数，あるいは小さい数の扱い方を考える．たとえば 30 万は 300,000 とするよりも 3×10^5 として，数値 3 と位を表す 10^5 の部分を分けて考えたほうが間違いが起こりにくい．小さい数も同様．

$$300000. = 3 \times 10^5$$
（5回左に動かす　小数点）

$$0.000003 = 3 \times 10^{-6}$$
（6回右に動かす）

たとえば $10^2 \times 10^3 = 10^{2+3} = 10^5$ といった式が使える．

課題 3　光は 1 年間（365 日）でどれだけ進むか．ただし光速度を秒速 30 万 km（300,000 km/s）とする．有効数字 2 桁で答えよ．

考え方　1 年を秒で表すと

$$1 \text{年} = 365 \times 24 \times 60 \times 60 \text{秒} = 31{,}536{,}000 \text{秒}$$

したがって

$$300{,}000 \text{ km/s} \times 31{,}536{,}000 \text{ s} = 9{,}460{,}800{,}000{,}000 \text{ km}$$
$$\fallingdotseq 9{,}500{,}000{,}000{,}000 \text{ km}$$

これで正解だが，桁数を書き間違いそうである．

解答
$$1 \text{年} = (3.65 \times 10^2) \times (2.4 \times 10) \times (6 \times 10) \times (6 \times 10) \text{ s}$$
$$= (3.65 \times 2.4 \times 6 \times 6) \times 10^{2+1+1+1} \text{ s}$$
$$\fallingdotseq 315 \times 10^5 \text{ s} = 3.15 \times 10^7 \text{ s}$$

（最終的に 2 桁で答えるときは途中の結果は 3 桁まで求める．）したがって

$$(3 \times 10^5 \text{ km/s}) \times (3.15 \times 10^7 \text{ s}) \fallingdotseq 9.5 \times 10^{5+7} \text{ km}$$
$$= 9.5 \times 10^{12} \text{ km}$$

1.4 貯める 1

次の 2 つの例を比較してみよう.

課題 1 1 分当たり $2\,\mathrm{m}^3$ の割合でプールに水を入れたとすると,1 時間ではどれだけの水が貯まるか.
解答 1 分当たり $2\,\mathrm{m}^3$ というのは「$2\,\mathrm{m}^3/$分」だから,
$$2\,\mathrm{m}^3/\text{分} \times 60\,\text{分} = (2 \times 60) \times (\mathrm{m}^3/\text{分}) \times \text{分} = 120\,\mathrm{m}^3$$

課題 2 1 秒($= 1\,\mathrm{s}$)当たり $2\,\mathrm{m}$ の速度でまっすぐ進む物体は,1 分($= 60\,\mathrm{s}$)ではどれだけ進むことになるか.
考え方 1 秒ごとに $2\,\mathrm{m}$ を「貯めて」いくと考えればよい.
解答 速度は $2\,\mathrm{m/s}$ だから,移動距離(変位)は
$$2\,\mathrm{m/s} \times 60\,\mathrm{s} = 120\,\mathrm{m}$$

どちらの課題も答えは結局,1 分あるいは 1 秒ごとの量の足し合わせである.

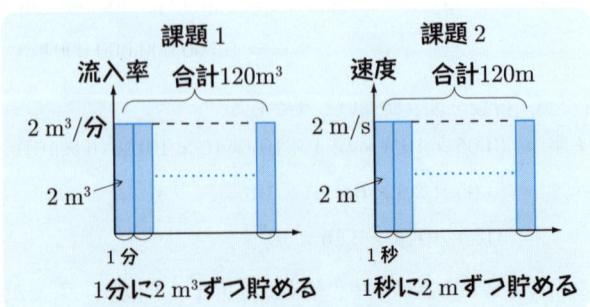

1 分(1 秒)ごとの量が,縦長の細い長方形の面積で表され,その合計が,図の大きな長方形の面積になる.上の解答の式は,「縦 × 横」という計算である.

課題3 左右に延びる一直線上を，物体が一定の速度 v_0 で右に動いているとする．この直線上の基準点を O とし，時刻 0（ゼロ）ではこの物体は，O から測って x_0 の位置（初期位置）にあったとする．時刻 t での物体の位置（O から測っての位置座標）$x(t)$ を求めよ（速度は velocity の頭文字を取って v と表す．ここでは速度が一定なので，添え字 0 を付けて v_0 と表し，暗に変数ではなく定数であることを示した）．

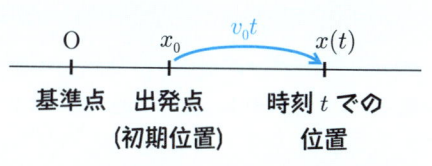

解答 移動距離（変位）は，右下のようなグラフを考えれば，長方形の面積に等しいので

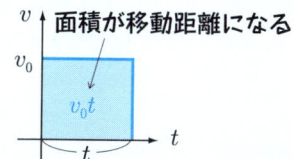

移動距離 $= v_0 t$

時刻 t での位置 $x(t)$ は，最初の位置 x_0 に，その後の移動距離を加えたものだから

$$\text{物体の位置：} \quad x(t) = x_0 + v_0 t \tag{1}$$

となる．$x(t)$ は t の 1 次式である．数学では 1 次式は $v_0 t + x_0$ と書くことが多いが，ここでは x_0 に $v_0 t$ が加わったという意味で，このように書くことにする．

下に $x(t)$ のグラフを描く．このような図を **xt 図**という．それに対して縦軸が速度 v である場合（たとえば課題3の下図）は **vt 図**という．

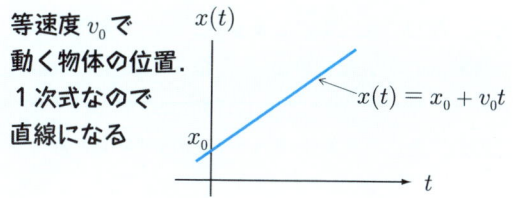

等速度 v_0 で動く物体の位置．1 次式なので直線になる

1.5 貯める 2

今度は，流入率あるいは速度が，時間とともに変化する場合を考える．特に，それらが一定の増加率で増えていく場合が重要である．

> **課題 1** プールへの水の流入率が，最初は $2\,\mathrm{m^3/分}$，それから少しずつ，一定の増加率で増えていき，30 分後には $5\,\mathrm{m^3/分}$ になった．前項と同様のグラフを描け．また，60 分で貯まる水量を求めよ．
>
> **考え方** 流入率は滑らかに増えるが，時間を細かく区切って，段階的に増えると考えるとわかりやすい．区切り方を無限に細かくした極限として，答えが得られる．
>
> **解答**
>
>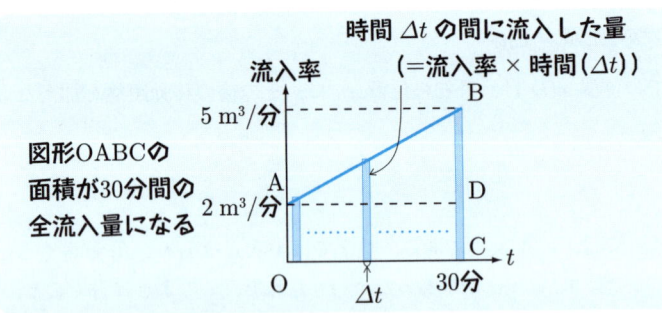
>
> 全体の面積を，長方形 OADC と三角形 ABD に分けて計算すると
> $$2\,\mathrm{m^3/分} \times 60\,\text{分} + 3\,\mathrm{m^3/分} \times 60\,\text{分} \div 2$$
> $$\underbrace{\phantom{2\,\mathrm{m^3/分} \times 60\,\text{分}}}_{\text{(長方形部分)}} \quad \underbrace{\phantom{3\,\mathrm{m^3/分} \times 60\,\text{分} \div 2}}_{\text{(三角形部分)}}$$
> $$= 120\,\mathrm{m^3} + 90\,\mathrm{m^3} = 210\,\mathrm{m^3}$$
> となる．この式は，最初の流入率のまま 60 分続いた場合の水量（$120\,\mathrm{m^3}$）と，流入率が増えた効果による水量（$90\,\mathrm{m^3}$）の和，と解釈できる．

同じように，速度が変化している場合の位置の変化を考えよう．

1.5 貯める 2

課題2 左右に延びる一直線上を物体が右に動いているとする．この直線上の基準点を O とする．まず時刻 0 ではこの物体は，O から右に 10 m の位置（**初期位置**）にあり，速度 2 m/s（**初速度**）で右に動いていた．この物体の速度は一定の増加率で徐々に増え，10 秒後には 5 m/s になったとする．10 秒後のこの物体の位置を求めよ．

考え方 水の流入と同様に考えて，ここでも速度のグラフの面積を計算する．

解答 まずグラフ（vt 図）を描いて移動距離（変位）を計算する．

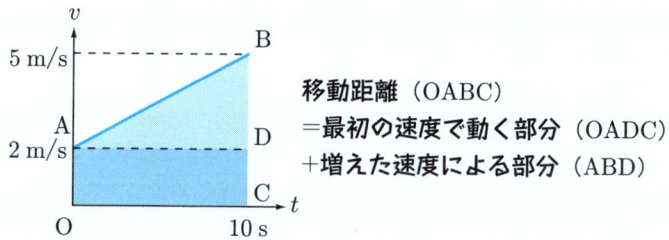

上の三角形と，その下の長方形の面積はそれぞれ（単位は省略）

長方形の面積： $2 \times 10 = 20$

三角形の面積： $\frac{1}{2} \times 3 \times 10 = 15$

プールの場合と同様に，長方形部分は最初の速度による効果，三角形部分は速度が増えたことによる効果である．変位はこの合計で 35 m だが，この物体は最初からすでに基準点 O から 10 m 離れた位置にあったのだから，10 秒後には O から見て

$$\underset{\text{(最初の位置)}}{10\,\text{m}} + \underset{\text{(最初の速度の分)}}{20\,\text{m}} + \underset{\text{(速度の増加の分)}}{15\,\text{m}} = 45\,\text{m}$$

の位置に移動したことになる．

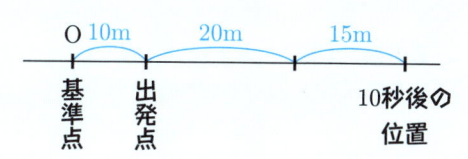

注 位置の基準点 O と，上の vt 図の原点 O は同じ記号を使っているが無関係である．

1.6 速度から位置へ —— 積分

1.4 項では等速運動の場合の一般公式（式 (1)）を導いたが，ここではそれを，速度が一定の割合で増す場合に拡張する．時刻 t での物体の位置（基準点 O から測っての位置座標）を $x(t)$，速度を $v(t)$ というように，どちらも t の関数として表す．

> **課題** 時刻 0 ではこの物体は，O から測って x_0 の位置（初期位置）にあり，また速度は時間 t の経過とともに
>
> $$v(t) = v_0 + at \tag{1}$$
>
> のように，一定の増加率 a で変化しているとする（v_0 は時刻 0 での速度 … 初速度）．このとき，時刻 T での物体の位置 $x(T)$ を求めよ．
>
> **注意** 位置を求めたい時刻を，途中の時刻 t と区別するため，大文字 T で表す．
>
> **解答** 前項の課題と同じグラフ（vt 図）を描く．
>
>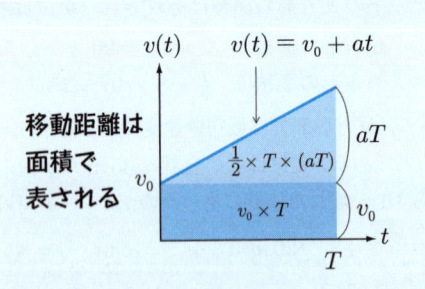
>
> 時刻 T までの移動距離は，やはり長方形と三角形の面積の和であり
>
> 　　　　長方形の面積： $T \times v_0 = v_0 T$
> 　　　　三角形の面積： $\frac{1}{2} \times T \times aT = \frac{1}{2} aT^2$
>
> したがって，
>
> $$\boxed{\begin{aligned} \text{物体の位置：} \; x(T) &= \text{初期位置} + \text{移動距離（変位）} \\ &= x_0 + v_0 T + \tfrac{1}{2} aT^2 \end{aligned}} \tag{2}$$

1.6 速度から位置へ ― 積分　　　　13

積分 $\int$

一般に関数 $f(t)$ のグラフを描いたとき，この関数と横軸 t ではさまれる部分の，$t = t_1$ と $t = t_2$ の間で面積を，

$$\int_{t_1}^{t_2} f(t)dt$$

と書き，これを $f(t)$ の t_1 から t_2 までの**定積分**と呼ぶ（ただし，$f(x) < 0$ の場合は面積はマイナスだと考える…1.8 項参照）．

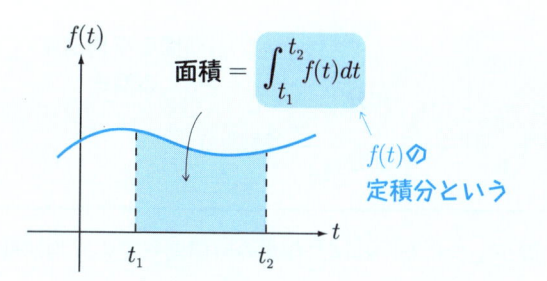

左ページ図の面積は関数 $v(t)$ の 0 から T までの積分だから

$$\text{移動距離（変位）} = \int_0^T v(t)dt$$

となるはずである．実際

$$\begin{aligned}
\int_0^T v(t)dt &= \int_0^T (v_0 + at)dt \\
&= \int_0^T v_0 dt + \int_0^T at\,dt \\
&= v_0 \int_0^T 1\,dt + a\int_0^T t\,dt \\
&= v_0 T + \tfrac{1}{2}aT^2
\end{aligned}$$

となる．$v(t)$ は，初速度 v_0 と，加速部分 at の和だが，それぞれが左ページの式 (2) の第 2 項と第 3 項になっていることがわかる．

1.7 位置から速度へ ― 微分

> **課題 1** A 君は，ある一直線の道路を歩いている．1 時ちょうどには P 地点におり，その 10 分後には 800 m 先の Q 地点にいた．その間の A 君の平均速度を時速で求めよ．
>
> **解答** 速度＝移動距離÷経過時間（＝ST の傾き）だから，単位の換算も含めれば
>
> $$800\,\mathrm{m} \div 10\,\text{分} \times (60\,\text{分}/1\,\text{時間}) = 4{,}800\,\mathrm{m/時} = 4.8\,\mathrm{km/時}$$
>
>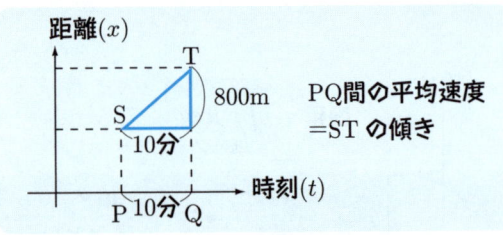

各時刻での位置が完全にわかれば，任意の時間間隔での平均速度が求められる．

> **課題 2** ある物体が一直線上を動いている．位置を座標 x で表したとき，その物体の時刻 t での位置 $x(t)$ が，x_0, v_0, a をそれぞれある定数として
>
> $$x(t) = x_0 + v_0 t + \tfrac{1}{2} a t^2 \qquad (1)$$
>
> と表されるとする．時刻 t から $t + \Delta t$ までのこの物体の平均速度を求めよ（Δt は一般に微小な経過時間を表すが，この問題では Δt が小さい量であることを意識する必要はない）．
>
> **解答** この時間での移動距離は
>
> $$\begin{aligned}
> &x(t + \Delta t) - x(t) \\
> &= \{x_0 + v_0(t + \Delta t) + \tfrac{1}{2} a (t + \Delta t)^2\} - \{x_0 + v_0 t + \tfrac{1}{2} a t^2\} \\
> &= v_0 \Delta t + a t \Delta t (t + \tfrac{\Delta t}{2})
> \end{aligned}$$
>
> 経過時間は Δt であるから，平均速度は次の図の ST の傾きに等しく

1.7 位置から速度へ——微分

$$\text{平均速度} = \frac{x(t+\Delta t) - x(t)}{\Delta t} = v_0 + a(t + \frac{\Delta t}{2})$$

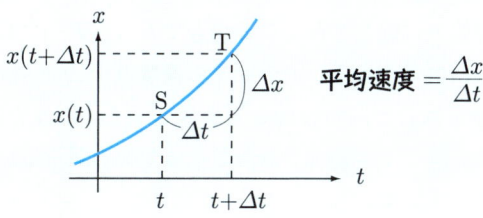

課題 3 課題 2 と同じ状況で，時刻 t におけるこの物体の**瞬間速度** $v(t)$ を求めよ．これは上のグラフの何に対応するか．また前項の課題と比較せよ．
考え方 上の答えで Δt を 0 に近づけた極限が時刻 t での瞬間速度である．
解答 課題 2 の答えで $\Delta t = 0$ とすれば，

$$\text{瞬間速度：} \quad v(t) = v_0 + at \tag{2}$$

これはグラフで，$t + \Delta t$ を t に近づけた極限での ST の傾きだから，t での接線の傾きに他ならない．この結果は前項の式 (1) に一致している．

瞬間速度と微分記号 関数 $f(t)$ の，t から $t + \Delta t$ までの変化を Δf と記す．
$$\Delta f = f(t + \Delta t) - f(t)$$
である．これを使うと，関数 $f(t)$ の t での接線の傾きは，比率 $\frac{\Delta f}{\Delta t}$ の，Δt を 0 にした極限（limit）である．これを f の**微分**と呼び

$$f \text{ の微分：} \quad \frac{df}{dt} = \lim \frac{\Delta f}{\Delta t}$$

と記す．この用語を使うと，物体の各時刻での瞬間速度 $v(t)$ は，位置 $x(t)$ の微分であることがわかる．

$$\text{速度：} \quad v(t) = \frac{dx}{dt}$$

課題 3 は，式 (1) の位置 $x(t)$ を「微分」して，速度（式 (2)）を求めたことになっている．逆に前項では，速度 $v(t)$ を「積分」すれば位置 $x(t)$ になることを示した（前項の式 (1) と式 (2)）．つまり $x(t)$ の傾きを求める微分と，$v(t)$ の面積を求める積分が，互いに逆の関係になっていることを意味する．

1.8 速度の正負・変位の正負

物体の動きが直線上に限定されている場合でも，右方向に動いている場合と左方向に動いている場合がある．そのときの**速度**を正負で区別すると，話がスムーズに進む．通常は右方向の場合をプラスとする．物理で速度という量は，この符号まで含めた量として定義され，単なる数値（絶対値）を**速さ**と呼んで区別することになっている．

またこれからは，**移動距離**と**変位**という言葉も次のように区別する．

課題1 物体が $2\,\mathrm{m/s}$ の速さで5秒間，右に動き，その後，$5\,\mathrm{m/s}$ の速さで3秒間，左に動いた．全体としてどれだけ動いたか（速度で表せば，最初は $+2\,\mathrm{m/s}$，後半は $-5\,\mathrm{m/s}$ ということになる）．

考え方 8秒間全体でどれだけの距離を動いたかを尋ねているのか，それとも8秒間の動きの結果としてどれだけ位置が変化したのかを尋ねているのか，質問の趣旨の取り方によって答えが違ってしまう．そこで，「移動距離」と「変位」という言葉を使い分ける．移動距離とは「動いた距離」，変位とは「最初と最後での位置の変化」だとする．また，変位という場合には，右に移った場合にはプラス，左に移った場合にはマイナスと，正負を区別することにする．移動距離は常に絶対値だけが問題になるので，符号は必要ない．

解答 最初の5秒間は，$2\times 5=10$ だから $10\,\mathrm{m}$ だけ右に動き，その後の3秒間は $5\times 3=15$ だから，$15\,\mathrm{m}$ だけ左に動いている．

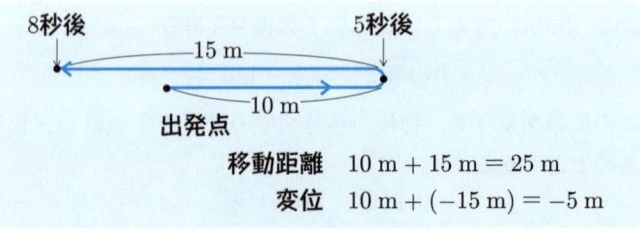

移動距離 $10\,\mathrm{m} + 15\,\mathrm{m} = 25\,\mathrm{m}$
変位 $10\,\mathrm{m} + (-15\,\mathrm{m}) = -5\,\mathrm{m}$

1.8 速度の正負・変位の正負

課題2 課題1の動きを正負を考えて vt 図に描け．ただし動き始めの時刻を $t=0$ とする．グラフの面積と変位との関係を説明せよ．ただし $v<0$ の部分の面積はマイナスだと考えよ．

考え方 v と書けば，とくに断りがない限り速さではなく速度のことである．「速度のグラフの面積が変位」という関係を，符号も含めて確かめよという問題である．

解答

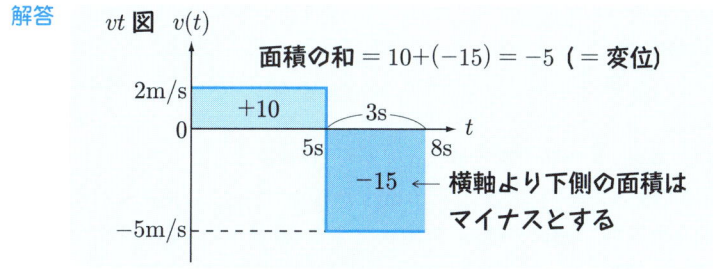

面積がマイナスというのは数学では正しい表現ではない．しかし面積ではなくグラフの積分だと考えれば，厳密な表現になる．面積は定積分で表されると 1.6 項で説明したが，実は関数 $f(t)$ がマイナスの部分に関しては面積をマイナスとして加えるのが定積分の正しい定義である．つまり，「速度 $v(t)$ の定積分が変位」と表現すれば，符号まで含めて正しい表現になる．上の課題では，このことを 8 秒後について確かめただけだが，これは任意の時刻についても成り立つ．

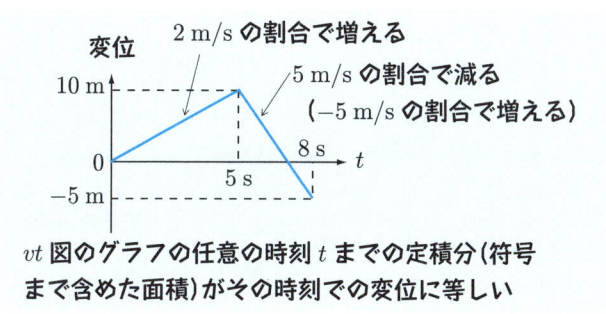

vt 図のグラフの任意の時刻 t までの定積分(符号まで含めた面積)がその時刻での変位に等しい

1.9 加速度とその正負

位置の変化率を表すのが速度である．それと同様に，速度の変化率を表す量を **加速度** と呼ぶ．加速とは日常的には速さが増える場合だが，速度の変化には減速もある．それぞれ加速度はどのように表されるだろうか．

> **課題 1** 下記の場合の平均加速度をそれぞれ計算せよ．ただし，右向きに動いている場合に速度がプラスであるとする（速度の正負は前項参照）．
> (a) （右向きの加速）物体の速度が $3\,\mathrm{m/s}$ から 10 秒（$10\,\mathrm{s}$）後には $10\,\mathrm{m/s}$ になった．
> (b) （右向きの減速）物体の速度が $5\,\mathrm{m/s}$ から 10 秒後に $0\,\mathrm{m/s}$ になった．
> (c) （左向きの加速）物体の速度が $-10\,\mathrm{m/s}$ から 20 秒後に $-20\,\mathrm{m/s}$ になった．
> (d) （左向きの減速）物体の速度が $-10\,\mathrm{m/s}$ から 20 秒後に $-5\,\mathrm{m/s}$ になった．
> **考え方** 平均加速度とは，ある時間間隔における速度の平均変化率のことであり，「速度の変化 ÷ 経過時間」という式で計算される．

解答 (a)

$$\text{速度の変化} = 10\,\mathrm{m/s} - 3\,\mathrm{m/s}$$
$$= 7\,\mathrm{m/s}$$

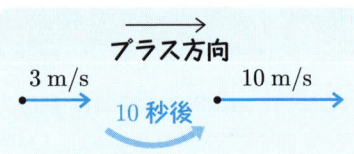

だから

$$\text{平均加速度} = 7\,\mathrm{m/s} \div 10\,\mathrm{s}$$
$$= (7 \div 10) \times (\mathrm{m/s} \div \mathrm{s}) = 0.7\,\mathrm{m/s^2}$$

単位は，分母が秒の 2 乗になる．$\mathrm{m/s^2}$ はメートル毎秒毎秒と読む．答えはプラスになる．プラスの方向（右方向）に動きながら加速するときは，加速度はプラスである．

(b) （以下，途中の単位は省略する）

$$\text{平均加速度} = (0 - 5) \div 10 = -0.5\,(\mathrm{m/s^2})$$

プラスの方向に動きながら減速すると，加速度はマイナスになる．

(c)

$$\text{平均加速度} = \{(-20) - (-10)\} \div 20$$
$$= (-10) \div 20$$
$$= -0.5\,(\mathrm{m/s^2})$$

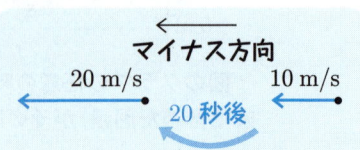

マイナスの方向に動きながら加速すると,加速度はマイナスになる.
(d)
$$平均加速度 = \{(-5)-(-10)\} \div 20 = 0.25\,(\mathrm{m/s^2})$$
マイナスの方向に動きながら減速すると,加速度はプラスになる.

(b) と (c) がマイナスになったことには重要な意味がある.

課題 2　物体を垂直に投げ上げると,ある程度まで上がってから落ちてくる.上がっているときの加速度の符号,落ちてくるときの加速度はそれぞれプラスかマイナスか.ただし,上向きをプラス方向とする.

考え方　物体は,上がりながら次第に動きはゆっくりとなり,最高点で瞬間的に止まってから落ちてくる.落ちるにつれてその動きは速くなる.

解答　上がるときは,プラスの方向(上方向)に動きながら減速している.したがって課題 1 の (b) より,加速度はマイナスである.

落ちているときは,マイナスの方向(下方向)に動きながら動きは速くなる.したがって課題 1 の (c) より,加速度はやはりマイナスである.

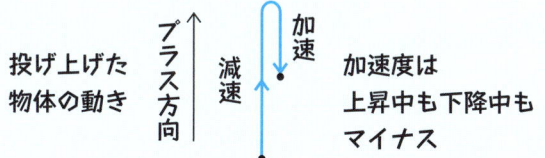

加速度は常にマイナス,つまり下向きであることがわかった.これは,物体が重力により,常に下方向に引っ張られているからであることを第 2 章で説明する.さらに空気抵抗という効果を除けば,この加速度の大きさはすべての物体に対して同じである.これを**重力加速度**といい,その値は約 $9.8\,\mathrm{m/s^2}$ だが,通常 g という記号で表す.これについてもさらに第 2 章で議論する.

1.10 等加速度運動

課題1 1.6項の課題で,速度が,$v(t) = v_0 + at$ というように変化している運動を考えた(a は定数). この運動の加速度を求めよ.

考え方 時間間隔 Δt での平均加速度を計算してから瞬間加速度を求める.

解答 まず,時刻 t から時刻 $t + \Delta t$ までの平均加速度を求めよう. この時間間隔での速度の変化 Δv は

$$\Delta v = v(t + \Delta t) - v(t)$$
$$= \{v_0 + a(t + \Delta t)\} - \{v_0 + at\} = a\Delta t$$

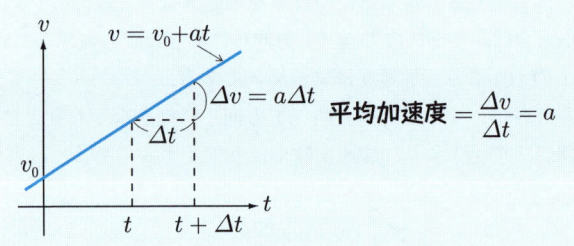

瞬間加速度は,平均加速度の式で Δt を 0 にした極限だが,もともと平均加速度(上の図)は Δt に依存していないので,瞬間加速度も a(定数)である.

このケースでは物体は,加速度が一定の運動を表していることがわかった. これを**等加速度運動**という. 等加速度運動であることは上のグラフを見てもすぐにわかる. 加速度というのは速度 v の変化率であり,瞬間加速度は,v のグラフの各点での接線の傾きになる. 微分記号を使えば

$$\text{加速度} = \frac{dv}{dt}$$

である. 特に課題1の場合は速度 v は t の1次関数だから,グラフは直線であり,接線の傾きはどこでも等しい. つまり加速度はどこでも等しい.

1.10 等加速度運動

上の問題とは逆に加速度から速度を求めるときは，次の問題になる．

> **課題 2** 速度が，単位時間に a という一定の増加率で増えているとする．時刻 0 での速度を v_0 としたとき，一般の時刻 t での速度 $v(t)$ を求めよ．
> **解答** 時刻 t までででは，速度は at だけ増える．したがって
> $$\text{速度の変化} = v(t) - v_0 = at$$
> これから $v(t) = v_0 + at$ が得られる．

7.5 項の結果を含めて，等加速度運動の公式をまとめておこう．これらは力学の中でも，最も重要な公式の 1 つである．

> **等加速度運動** （加速度： $a = $ 定数）
> 速度： $v(t) = v_0 + at$　　　　　　　　　　　　　　　　　　(1)
> 位置： $x(t) = x_0 + v_0 t + \frac{1}{2}at^2$　　　　　　　　　　　(2)
> x_0：時刻 0 での位置（初期位置）　v_0：時刻 0 での速度（初速度）
> 位置と速度の関係： $v^2 - v_0^2 = 2a(x - x_0)$　　　　　　(3)

式 (3) は式 (1) と式 (2) から時刻 t を消去した式である．知っておくと便利である．

等加速度運動に限らず一般に，位置 x の微分が速度 v （1.7 項），速度 v の微分が加速度 a である．また微分の逆が積分であるから，速度の積分（定積分）が位置の変化（1.6 項），そして加速度の積分が速度の変化である．

> **課題 3** 上述の微分，積分の関係を，等加速度運動の場合に確かめよ．
> **解答**
> 位置の微分： $\frac{dx}{dt} = \frac{dx_0}{dt} + \frac{d(v_0 t)}{dt} + \frac{d((1/2)at^2)}{dt}$
> 　　　　　　　$= 0 + v_0 + \frac{1}{2}a \cdot 2t = v(t) \cdots$ 速度
> 速度の微分： $\frac{dv}{dt} = \frac{dv_0}{dt} + \frac{d(at)}{dt} = 0 + a \cdots$ 加速度
> 速度の積分： $\int_0^t v(t)dt = \int_0^t v_0 dt + \int_0^t at\, dt$
> 　　　　　　　$= v_0 t + \frac{1}{2}at^2 = x - x_0 \cdots$ 位置の変化
> 加速度の積分： $\int_0^t a\, dt = at = v(t) - v_0 \cdots$ 速度の変化

1.11 放物運動

　これまでは，垂直方向にしろ水平方向にしろ，一直線上を動く物体の動きを調べてきた．しかし地表上で物体を斜め方向に投げたときはそうはいかない．それは一直線上の運動ではなく，鉛直平面（投げた方向を含む地面に垂直な平面）上の曲線運動になる．

　平面上の位置を決めるには2つの座標が必要である．これまでは物体の位置を常に x で表してきたが，鉛直上の運動を考えるので，横方向（水平方向）に x 軸，縦方向（鉛直方向）に y 軸を取ろう．すると，この面上の各点は，2つの座標 (x, y) のセットで表される．そして各時刻 t での物体の位置は，$(x(t), y(t))$ というように，2つの関数 $x(t)$ と $y(t)$ で表される．

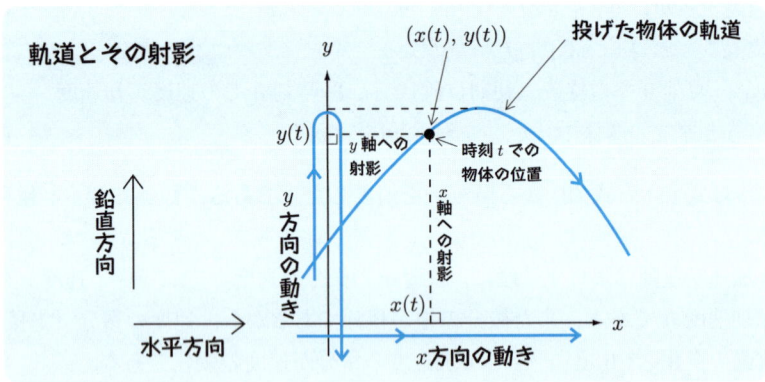

　$x(t), y(t)$ それぞれは，x 方向（水平方向），y 方向（鉛直方向）それぞれの動きを表す．図で表せば，それぞれの座標軸への**射影**（垂線の足）の動きになる．

　前項で，鉛直運動の場合，物体は等加速度運動をすると述べた．物体は地球の重力によって真下に引っ張られるからである．斜めに動く場合も，物体は真下に引っ張られることには変わりはないので，鉛直方向の運動 $y(t)$ が等加速度運動になる．また水平方向には重力は働いていないので，慣性の法則の場合と同じで $x(t)$ は等速運動になる（詳しくは第2章参照）．

課題 地表から 45 度の方向に速度 10 m/s で物体を投げた．この物体が地表に落ちてくるまでの軌道を求めよ．重力加速度 g は 10 m/s^2 としてよい．

考え方 投げ上げた時刻を $t = 0$，その位置（初期位置）を原点 $(0, 0)$ だとして，x 方向，y 方向それぞれの運動を考える．まず最初に各方向の初速度を求めなければならない．

解答 最初は 45 度の方向に動き始める．その動きを x 方向，y 方向に射影するために，角度 45 度の直角三角形の各辺の比率を考えると

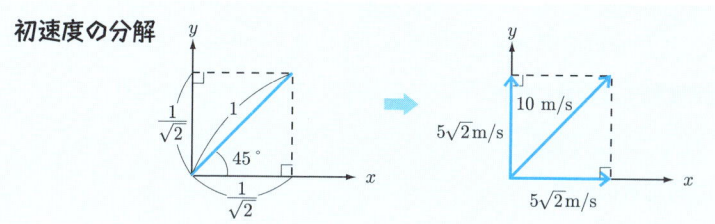

各方向の初速度は，$10 \div \sqrt{2} = 5\sqrt{2}$（約 7 m/s）であることがわかる．

これを前項の公式 (2) にあてはめれば，y 方向の運動は加速度 $-10\ (\text{m/s}^2)$ の等加速度運動なので，
$$y(t) = 0 + (5\sqrt{2})t + \left(-\frac{1}{2} \times 10\right)t^2$$
x 方向の運動は等速運動だから
$$x(t) = 0 + 5\sqrt{2}\, t$$
これより $t = \frac{x}{5\sqrt{2}}$ となるから，それを y の式に代入して t を消去すれば
$$y = x - \frac{x^2}{10} = -\frac{1}{10}x(x - 10)$$
これが軌道の式であり，x の 2 次式，つまり放物線の式である．そもそも放物線とは，「放たれた物体が描く曲線」という意味である．

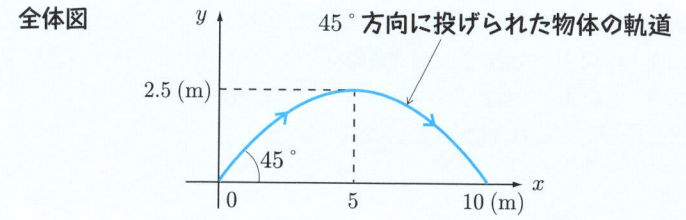

章のまとめ

- **この章で登場した単位**
  基本単位： m（長さ），s（時間），kg（質量）
  組立単位： m^3（体積），m/s（速度），m/s^2（加速度）

- **答えの精度**
  足し算・引き算： 答えの最後の位は，精度が最も悪い値の最後の位とする．
    例　$44.6\text{ m} + 34\text{ m}(= 78.6\text{ m}) \fallingdotseq 79\text{ m}$　　（1の位まで）
  掛け算・割り算： 最も桁数の小さな値に答えの桁数を合わせる．
    例　$162.85\text{ m} \div 23\text{ s}(= 7.0804\cdots \text{ m/s}) \fallingdotseq 7.1\text{ m/s}$　　（有効数字は2桁）

- **等速度運動する物体の位置**
  $x(t) = \underset{\text{最初の位置}}{x_0} + \underset{\text{変位}}{v_0 t}$ 　（x_0：初期位置，v_0：一定の速度）

- **等加速度運動の公式**
  x_0： 初期位置，　v_0： 初速度，　a： 一定の加速度
  速度： $v(t) = \underset{\text{最初の速度}}{v_0} + \underset{\text{増加分}}{at}$
  位置： $x(t) = \underset{\text{最初の位置}}{x_0} + \underset{\text{最初の速度による分}}{v_0 t} + \underset{\text{速度の増加による分}}{\frac{1}{2}at^2}$
  位置と速度の関係： $v(t)^2 - v_0^2 = 2a(x(t) - x_0)$
  　　　　　　　　　$v(t_2)^2 - v(t_1)^2 = 2a(x(t_2) - x(t_1))$

- **位置・速度・加速度の関係（積分と微分）**
  $v = \frac{dx}{dt}$
  $a = \frac{dv}{dt}$
  $x(T) - x(0) = \int_0^T v(t)dt$
  $v(T) - v(0) = \int_0^T a(t)dt$

- **放物運動（斜めに投げられた物体の2次元的な運動）**
  水平方向（x方向）の運動： 等速運動
  鉛直方向（y方向）の運動： （重力による）等加速度運動
  軌道の式： yはxの2次関数（放物線）

第2章

力と運動

　物体は外部から力を受けなければ，加速度がゼロの運動をする（慣性の法則）．そして力を受けると，それに比例した加速度が生じる（運動方程式）．質量という概念が運動方程式を通して導入される．力は作用と反作用のセットで働くが，慣性の法則から，それらの大きさは等しいことがわかる（作用反作用の法則）．運動の方向が変わっているときは，速さは一定でも加速度はゼロではない．特に円周上の等速運動の場合には，加速度は円の中心方向を向く．

> 慣性の法則（運動の第1法則）
> 運動方程式（運動の第2法則）
> 力と運動の関係
> 重力の性質
> 作用・反作用の法則
> 　　　（運動の第3法則）
> 垂直抗力・摩擦力
> 方向とベクトル
> 等速円運動の加速度と力－方向
> 等速円運動の加速度と力－大きさ

2.1 慣性の法則
（運動の第1法則）

　電車に乗っているときのことを考えていただきたい．高速で動いているはずなのに，立っているとしても窓の外を見なければ，自分が動いているとは感じないだろう．電車が急ブレーキをかけたら，体が進行方向に押される感覚が生じる．また急発進したら，今度は後ろ向きに引っ張られる感覚をもつだろう．しかし等速で動いている限り，感覚としては静止している場合と何も変わることはない．

　このことは400年ほど前に，ガリレオ・ガリレイが気付いたことである．彼は，等速で動いている船の船室内にいる人間は，地上で静止している人とまったく同じように振る舞えると指摘した．たとえば，船室内に立っている人が持っている物を手から放すと，船がどちらに動いているかに関わらず，その物体はその人の足元に落ちる．等速で動く電車の中でも同じである．

電車が動いていても，中の人は普通に水を注ぐことができる

　宇宙船に乗って宇宙空間にただよっている人を考えてみよう．天体は宇宙船から遠く離れているので，天体を見ても自分がどちらに動いているのかはわからないとする．その横を第2の宇宙船がすれ違って通っていくとしよう．第2の宇宙船から見れば，最初の宇宙船が自分の横を通って行ったと見えるだろう．どちらが動いているのか，それとも，どちらとも動いているのか，区別する方法があるだろうか．もし宇宙船が加速していれば，電車の場合と同じで，その中の人は他の宇宙船を見なくても自分が加速していることがわかる．しかしどちらも加速していなければ，自分から見て相対的に相手が動いていることがわかるだけで，自分自身が動いているのかいないのか判定することはできない．

　このように，物体の運動はあくまで，他の物体と比較してどのように動いて

いるのか，つまり「相対的」にしか判定できないということを，ガリレイにちなんで，**ガリレイの相対性原理**と呼ぶ．

注 20世紀になって登場した「アインシュタインの相対性原理」は，これに光速度がからんだ話だが，少しレベルの高い話になる．第8章参照． ○

力学の基本には慣性の法則というものがあるが，ガリレイの相対性原理から自然に導かれる法則である．無重力の宇宙に浮かぶ宇宙船の中で，何か物体が（宇宙船に対して）じっと浮いていたとする．宇宙船を基準としたときの静止である．その物体は押したり引っ張ったりしなければ（何も力を加えなければ）宇宙船に対して静止し続けるだろう．しかし宇宙船自体が静止しているかどうかを判断する基準はない．もしかしたらそれは，ある方向に等速で動き続けているのかもしれない．その場合は，宇宙船の中のこの物体も，等速で動き続けていることになる．

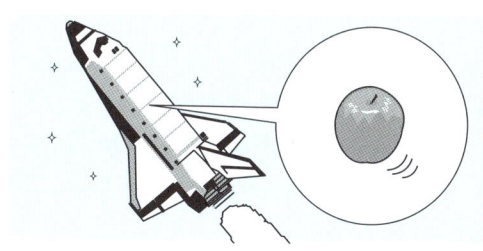

無重力状態で宇宙船の中に浮いている物体は，何も力を受けなくても，宇宙船と一緒に動き続ける

これが**慣性の法則**（別名，運動の第1法則）である．言葉でまとめれば，

「周囲から影響を受けていない物体は，等速直線運動をし続ける」

単に等速であるばかりでなく，運動方向が曲がらないこと（直線運動であること）も重要だが，これについては2.8項（等速円運動）も参照．また，「影響を受けている（あるいはいない）」ということは，力学的には「力を受けている（あるいはいない）」という表現になるが，まだ「力」という概念を説明していないので，ここではあえて，「影響」という抽象的な表現にした．

2.2 運動方程式（運動の第2法則）

慣性の法則（運動の第1法則）によれば，周囲からの影響がなければ物体は等速直線運動をする．したがって，もしある物体の速度が変わっている，つまり加速度がゼロではないとすれば，そのときその物体は，周囲から何らかの影響を受けていることになる．そしてそのときの加速度（瞬間加速度）の値を具体的に決める法則として，

$$\text{加速度} \propto \text{周囲からの影響}$$

という式が成り立つことが考えられる．$\propto$ とは，両辺が比例しているという意味である．

この式の右辺をより正確に記せば，「周囲からの影響を数値として表したもの」ということだが，これを我々は**力**と呼ぶ．

なぜ力と呼ぶのだろうか．力という概念は，昔から「つり合い」という議論の中に登場しており，それが上の，「周囲からの影響」と同じものだと考えられるからである．実際，静止しているのなら「加速度 = 0」だから，上の式から「周囲からの影響」はゼロでなければならない．つまり周囲からの影響があったとしても，それらは打ち消し合ってゼロになっていなければならない．これはまさに，力のつり合いと同じである．したがって上の式を

$$\text{加速度} \propto \text{力} \quad (\text{正確には，周囲から受ける力の合計})$$

と書き換えることにする．この法則は結局，力がつり合っていないときは何が起こるかを示した法則だということができる．

次に，この式の比例係数について考えよう．周囲から受ける力が同じだとしても，一般には物体によって加速度は異なる．たとえば物体に含まれる物質の量が2倍になれば，力の影響は分散され，加速度は半分になるだろう．

そこで，上の比例式の比例係数は，各物体の（何らかの意味での）「物質の量」を表すものだと考え，それを**質量**（あるいは**慣性質量**）と呼び，上の式を

$$\boxed{\text{質量} \times \text{加速度} = \text{力}} \tag{1}$$

と書く．質量は左辺に付いており，質量が2倍になれば加速度は半分になる．こ

2.2 運動方程式（運動の第 2 法則）

の式がニュートンの**運動方程式**，すなわち**運動の第 2 法則**である．

しかし物質の量といっても曖昧な概念である．同じ物質だったら，その量は体積に比例するだろうが，たとえば鉄と木だったら，体積が同じでも質量は等しくない．そのことは，同じ力で押したとき，生じる加速度が違うことでわかる．では，鉄と木の物質の量の関係は，どのように決めたらいいのだろうか．

物体の質量を決定するには，式 (1) 自体を利用すればよい．つまり，大きさのわかっている力を与えたときに生じる加速度を測定し，式 (1) を使えば，

$$質量 = 力 \div 加速度$$

という関係から，質量が得られる．

このように説明すると，式 (1) が成り立つように質量を決めるのならば，この式が成り立つのは当たり前であり，法則と呼ぶ価値はないと誤解する人もあるかもしれないが，もちろんそうではない．ある状況において上記のような実験をし，物体の質量を決める．すると，その質量の値を使えば他のあらゆる状況においても式 (1) が成り立つというのが，この法則の価値なのである．

最後に式 (1) を，より数学的な表現で表しておこう．質量（mass）を m，加速度（acceleration）を a，力（force）を F と記すと，式 (1) は

$$ma = F$$

となる．また，加速度は速度 v の微分であることを使えば

$$m\frac{dv}{dt} = F$$

コラム　力 F は時間とともに変化しうるが，ほぼ一定とみなせるほど短い時間（Δt とする）を考えよう．この微小時間では物体の運動はほぼ等加速度運動（加速度は $\frac{F}{m}$）になるので，1.6 項の式 (1) より 速度 $= v_0 + \frac{F}{m}\Delta t$ である．右辺第 1 項はそれまでの速度，第 2 項はこの時間内での速度の変化である．ニュートンは第 1 項の効果を第 1 法則，第 2 項の効果を第 2 法則と呼んだ．つまり現在，我々が運動の第 2 法則と呼んでいる式 (1) とはややニュアンスが違う．ちなみにニュートンは，これらの法則が自分の発見であるとは言っていない．慣性の法則はガリレイやデカルトなどが提唱していたし，落下物体の速度が時間に比例して増えることもガリレイによって示されていたからである．しかし力と「速度の変化」の関係を一般的に成り立つ法則として提唱したのはニュートンである．　　　　　　　　　　　　　　　　　　　　○

2.3 力と運動の関係

これまでの説明を読めば，$ma = F$ という関係は自然な考え方だと思えるだろう．しかし少なくとも，アリストテレスなどの古代ギリシャの人々，あるいはニュートンよりも100年ほど前に生きたケプラーなどは，物体がある方向に動いているのは，動いている方向に力が働いているからだと考えていた．力は物体の動き（速度）の方向ではなく，**動きの変化（加速度）**の方向を向いているというのがニュートンの考え方である．具体例で考えてみよう．

> **課題1** 物体を真上に投げたとしよう．その動きは次第に減速し，最高点に達した後，加速しながら落ちてくる．その物体が上がっていくとき，力はどちらの方向を向いているか．下がっていくときはどうか．
>
> **考え方** たとえば手でこの物体を投げ上げたとすれば，投げた瞬間の手の力は上向きだろう．しかしこの問題は，手を離れた後に力はどちらを向いているか，ということを尋ねている．働いている力は重力であることを知っていれば，力がどちら向きかは明らかだが（下向き），ここではその知識はないものとしよう．むしろ物体の動きと運動方程式を使って，まだ知らない力の方向を探ろうという問題である．7.8項の課題を思い出しながら考えていただきたい．
>
> **解答** 物体は上がりながら減速している．したがって（上向きをプラスとしたとき）速度はプラスだが，加速度はマイナスである．したがって $ma = F$ という法則により，力 F もマイナス，つまり下向きでなければならない（質量 m は常にプラスである）．また物体が落ちてくるときは下向きに加速している．つまり加速度は下向き（マイナス）なので，力はやはり下向きでなければならない．
>
> 減速上昇　加速落下
> 加速度は常に下向き
> $$ma = F$$
> 力も常に下向き

投げ上げた物体には，上がっているときも，その後に落ちてくるときも，下向きの力が働いている．必ずしも，物体が動いている方向に力が働いているの

2.3 力と運動の関係

ではない．また，向きばかりでなく力の大きさを求めるには，具体的に加速，あるいは減速の程度を測定しなければならない．

> **課題2** 1 kg の物体を手に持ち，そっと放した所，1秒で 5 m 落下した．この 1 秒間，この物体に働いている力の大きさは一定であったと仮定して，力の大きさを求めよ．
>
> **考え方** 力 F が一定であったとすれば $ma = F$ より $a = $ 一定，つまり等加速度運動である．等加速度運動の公式（1.10項）を使って a を求め，それから $ma = F$ を使って力を求める．そっと放したというのは，初速度は 0 だということである（地表上での 1 秒間の落下距離は，より正確には 4.9 m ほどである（空気抵抗が無視できれば））．
>
> **解答** 5 m 落下したということなので，変位は -5 m である（上向きをプラスとした）．したがって 1.10 項の公式より
>
> $$-5\,\mathrm{m} = \frac{1}{2} a (1\mathrm{s})^2$$
>
> すなわち
>
> $$a = -2 \times 5\,\mathrm{m} \div (1\mathrm{s})^2 = -10\,\mathrm{m/s^2}$$
>
> したがって
>
> $$F = ma = -1\,\mathrm{kg} \times 10\,\mathrm{m/s^2} = -10\,\mathrm{kg\,m/s^2}$$
>
> 答えはマイナスなので力は下向き．大きさは $10\,\mathrm{kg\,m/s^2}$ である．

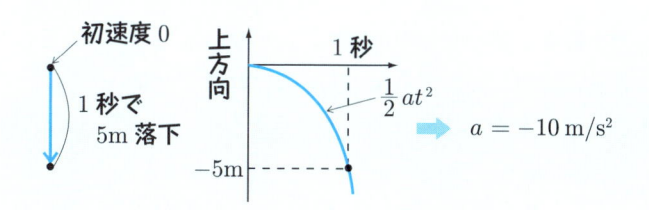

上の計算からもわかるように，力の単位は $\mathrm{kg\,m/s^2}$ である．kg を g で表すなど別の表現も可能だが，SI 単位系では上の書き方が標準である．そして，$\mathrm{kg\,m/s^2}$ といちいち書くのは煩雑なので，この組合せを単に N と書き，ニュートンと読む．これを使えば上問の答えは 10 N である．

2.4 重力の性質

ピサの斜塔の実験 重力の基本的性質を明らかにしたとして有名なのが，ガリレイによってなされたという逸話がある，ピサの斜塔での実験である（下記のコラム参照）．実験は，質量の異なる2つの物体を塔の上から同時に落下させ，同時に地面に到達することを確かめるという内容である（ただし物体は，空気抵抗が無視できるほど十分に重いものであり，重力の効果だけを考えればいい場合に限る．紙のような軽いものだったら，空気抵抗が大きいのでこの実験は成立しない）．

> ピサの斜塔の実験
>
> 空気抵抗がなければ
> すべての物体は
> 同時に落下する

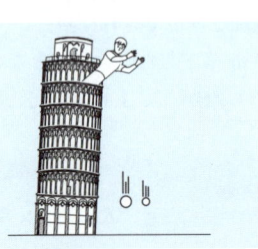

同時に地面に達するということは，同じように加速されたということである．運動方程式より

$$\text{加速度} = \text{重力} \div \text{質量} \tag{1}$$

だから，重力を質量で割ったものが物体によらない数だということになる．つまり重力は質量に比例して大きくなっていなければならない．

ガリレイは，落下が等加速度運動であることも示していた（2.2項のコラム参照）．つまり加速度は，物体の位置（地面からの高さ）にもよらないということである（ただし地表付近に限る）．結局，式(1)の右辺が，単なる定数だということであり，それが7.8項で導入した重力加速度 g である．（空気抵抗の効果が無視できれば）すべての物体がこの加速度で落下する．この記号を使えば

$$\text{重力の大きさ} = mg \tag{2}$$

実際に測定すると $g = 9.8\,\text{m/s}^2$ 程度だが，この値は場所によってわずかに異なる（たとえば北極では赤道上よりも0.5パーセント程度大きい）．

コラム ピサの斜塔の実験は，ガリレイの弟子が作った架空の話だというのが定説だが，ガリレイは斜面で球を転がし，加速度がその質量によらないことを確かめたとい

う記録はある．またシモン・ステビンという人が同時代（16 世紀末），オランダで，2 つの大きさの違う鉄球を塔から落として同時に落下することを確かめたという記録が残っている．　　　　　　　　　　　　　　　　　　　　　　　　　　　　　○

　重力は質量に比例して大きくなる．これは実は，非常に不思議なことである．物体の体積が 2 倍になれば量が 2 倍になるので，それにかかる重力が 2 倍になるというのも不思議ではない．しかしたとえば，鉄とアルミでは，同じ体積でも質量は鉄のほうが 3 倍ほど大きい．したがって，それらに働く重力も 3 倍ほど違うことになるが，なぜ質量と重力にはそのような関係があるのだろうか．$ma = F$ という関係からわかるように，質量とは加速されにくさ（たとえば押したときの動かしにくさ）を表している量だが，なぜそれが重力の大きさに関係するのだろうか．

　よく質量は「重さ」であると言われる．しかし重力によって引っ張られるという意味の「重さ」は，押したときに動かしにくいという意味での「重さ」とは違う．重力によって引っ張られる重さは，手で持って感じてもいいが，その物体をバネにつるしてみることでわかる．

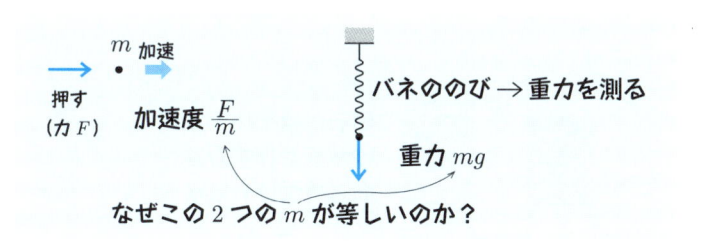

　重力で大きく引っ張られるときは，バネもそれだけ長くなるだろう（バネの法則は 3.4 項参照）．バネの伸びという効果をもたらす重さと，押したときに加速される程度を表す重さが，実は同じ量だというのが，式 (2) が質量 m に比例していることの本質的な意味である．そしてその根拠は，たとえば落下実験ですべてのものが同時に落ちるということであった．ニュートンはこのことを，振り子の運動から確かめた．つまり理屈でわかったことではなく，実験によって確かめられた経験上の知識なのである．

　根拠が実験だというのならば，もし極めて精密な実験をすれば，この 2 つがわずかに違うという結果が出るかもしれない．さまざまな精密実験が繰り返されているが，21 世紀になっても，この 2 つに違いがあるという実験結果は出ていない．

2.5 作用・反作用の法則（運動の第3法則）

　一般に，物体Aと物体Bが力を及ぼすとき，逆に物体Bも物体Aに力を及ぼす．一方を「作用」と呼び，他方を「反作用」と呼ぶ．これは対等な関係なので，どちらを作用と呼んでもいい．

　そして，作用と反作用は，常に逆向きで大きさが等しいという法則を，**作用・反作用の法則**，あるいは**運動の第3法則**と呼ぶ．この法則は物体の衝突に関連してニュートン以前から主張されていたが，ニュートンはこの法則が成立しないと，慣性の法則（第1法則）と矛盾することになると論じた．彼の論理を紹介しておこう．

　例として，磁石と鉄を考える．磁石は鉄を引き付けるが（作用），逆に鉄も磁石を引き付ける（反作用）．そこで，図のように，磁石と鉄の間に木の板をはさんで，無重力の宇宙空間に浮かべたとする．磁石と鉄は引き付けあうので，この3つの物体はくっついたまま浮かんでいるだろう．そしてもし最初，静止していたとすれば，慣性の法則から，静止し続けるだろう．

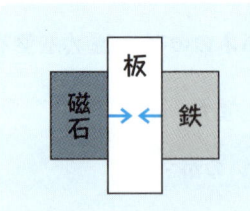

磁石が板を押す力と
鉄が板を押す力は
同じでなければならない

　しかし，もし磁石が鉄を引き付ける力のほうが，逆の力よりも大きかったとしよう．鉄は強く引き付けられるので，板を強い力で押す．一方，強く引き付けられない磁石が板を押す力は弱い．つまり板は磁石側に動き始めるが，3つのものはくっついているのだから，全体が加速されるだろう．しかしこの3物体からなる塊（かたまり）が外部からの影響（外力）を受けていないで加速されるというのは，慣性の法則に矛盾する．つまり鉄は，磁石によって引き付けられるのと同じ大きさの力で磁石を引き付けていなければならない．ニュートンは実際，鉄と磁石をそれぞれ2つの小さな舟に入れて水に浮かべ，舟がくっついたまま動かないことを確かめたそうである．

2.5 作用・反作用の法則（運動の第3法則） 35

外力と内力　磁石，板，鉄の3つを合わせて1つの「物体」とみなそう．3つの間には互いに力が働いているが，「物体」内部での話なので，これらの力を**内力**という．内力とは一般に，物体の一部が同じ物体の他の部分に与える力だが，それを物体全体に働く力とみなしても，作用・反作用の法則により打ち消し合う．したがって，物体全体の運動に対しては，物体外部から受ける力（**外力**という）だけを考えればよい．内力が働いていても外力がなければ慣性の法則は成り立つ．

作用・反作用とつり合い　作用と反作用は，互いに相手側の物体に及ぼす力なので，力を受けている対象は違う．しかし内力を物体全体が受けている力とみなせば，その場合は作用も反作用も同じ物体が力を受けていることになる．次の例を考えてみよう．

> **課題**　天井から垂れているヒモに質量 m のおもりがぶら下がっている．ヒモの質量は無視できるものとする．そのとき，(a) おもりに働いている力は何か．おもりが静止しているための条件は何か．(b) ヒモに働いている力は何か．ヒモが静止しているための条件は何か．(c) 作用・反作用の法則は何を意味するか．
>
> **考え方**　おもりはヒモによって上向きに引っ張られる．この力をヒモの**張力**と呼ぶ．ヒモがおもりによって引っ張られ，わずかに伸び，ちぢんでもとに戻ろうとして（復元），おもりを引っ張るのである．張力は通常 T で表す．
>
> **解答**　(a) おもりには下向きに重力 mg がかかっている．その力が，ヒモがおもりを上向きに引っ張る張力（その大きさを T_1 とする）とつり合う．つまり $T_1 = mg$．(b) ヒモはおもりにより下に引っ張られ（その大きさを F_1 とする），また天井により上に引っ張られる（その大きさを F_2 とする）．ヒモは静止しているのだから $F_1 = F_2$ である．(c) ヒモがおもりを引っ張る力 T_1 と，おもりがヒモを引っ張る力 F_1 が作用反作用の関係にあるので，$T_1 = F_1$ である．したがって，おもりとヒモ全体を1つの物体とみなしたときの内力 F_1 と T_1 は打ち消し合う．外力 F_2 と mg は等しい（$F_2 = F_1 = T_1 = mg$）のでつり合っている．
>
> 　重力 mg の反作用は，おもりが地球を引っ張る力である．ただ地球の質量は膨大なので，おもりに引っ張られても地球はびくともしない（加速度＝力÷質量である）．また F_2 の反作用は，ヒモが天井を引っ張る張力であり，それが大き過ぎれば天井は壊れる．

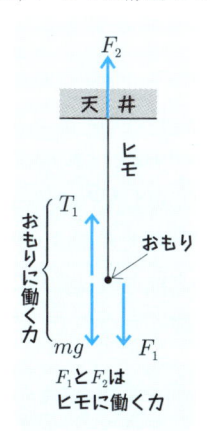

2.6 垂直抗力・摩擦力

　これまで力としては，もっぱら重力のことを考えてきた．しかし自然界にはその他にもさまざまなものがある．たとえば電気力，磁気力というものがあるが，これらは第6章で詳しく議論する．
　力学で重要なのは，接触している物体間に働く力である．たとえば2つのものをぶつけるとはねかえる．これは互いに力を及ぼし合って，相手の運動方向を変えるからである．このような力も，元をただせば，それらを構成する原子間での電気力・磁気力が関係しているのだが，正確に説明するには量子力学の知識が必要となるので，力の発生原因についてはここでは深入りはしない．

垂直抗力　発生原因はともかく，物体間にどのような力が働いているかを見つけるには，向きも大きさもわかっている重力をヒントにするとよい．まず，水平な台の上に物体をそっと置いたとしよう．台が動かなければ物体も動かない．
　この物体には下向きの重力が働いている．それなのに動かないのだから，それを打ち消す上向きの力がなければならない．それは当然，台の表面から受ける反発力である．表面に対して垂直方向に働く力なので，**垂直抗力**という．

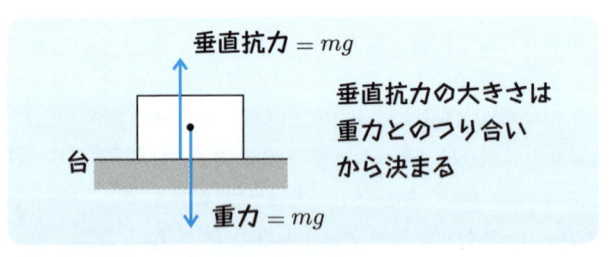

垂直抗力 $= mg$
垂直抗力の大きさは重力とのつり合いから決まる
台
重力 $= mg$

　一般に，何かを変形させると，それを復元しようとする力が生じる．物体が台を押すと，台の表面が（通常は目には見えないほど）わずかにへこみ，物体を押し戻してへこみを復元しようという力が働く．それが垂直抗力である．垂直抗力の大きさは，物体が動かないという，つり合いの条件から決まる．
　垂直抗力の反作用は，物体が台を押す力（これも垂直抗力）である．これは台に働く力なので，この物体のつり合いには関係ない．

2.6 垂直抗力・摩擦力

摩擦力 左のページの台に置かれた物体を，手で瞬間的に，水平方向にちょっと押してみる．台の表面の滑らかさ，あるいは物体の重さにもよるが，少し押しただけでは動かない．また，動いたとしても，手を離せば減速してすぐに止まるだろう．いずれにしろ，手で押す力に抗する逆向きの力が働いているはずである．それは，物体と台の表面に生じている摩擦力である．摩擦力は，接触している2つのものをずらそうとするときに，そのずれを戻そうとする方向に働く．

摩擦力の起源は接触している部分の原子間の引力だが，詳しい議論は難しい．そこで通常，摩擦力の大きさを，以下で説明する経験則によって表す．経験則とは，実験によって確かめられた規則ということだが，以下の規則は厳密なものではなく，大雑把な傾向だと考えていただきたい．

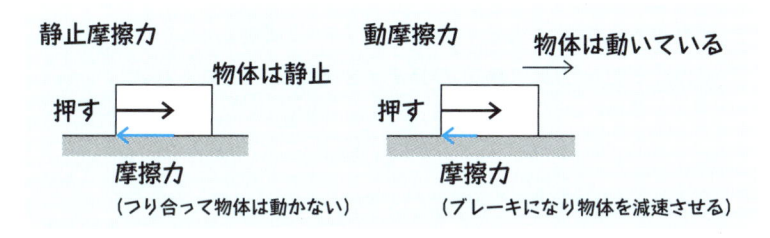

物体が動いていない場合の摩擦力（**静止摩擦力**） 静止摩擦力の大きさは，押している手の力とつり合っているという条件から決まる．したがって，押す力を増やすほど摩擦力も増えるが，限度もあり，それを**最大静止摩擦力**と呼ぶ．最大静止摩擦力は，接触している台と物体が，どれだけの力で互いに押し付け合っているか（つまり垂直抗力の大きさ）に比例する．その比例係数（**静止摩擦係数**）をギリシャ文字の μ（ミュー）で表すと

$$\text{最大静止摩擦力} = \mu \cdot \text{垂直抗力の大きさ}$$

μ は台と物体の各接触面の状態によって決まる定数である．

物体が動いている場合の摩擦力（**動摩擦力**） 動摩擦力は物体の速度にほとんど依存せず，垂直抗力に比例する．比例係数を μ'（**動摩擦係数**）で表すと

$$\text{動摩擦力} = \mu' \cdot \text{垂直抗力の大きさ}$$

μ' も台と物体の接触面の性質で決まる量であり，μ よりも小さい．つまり物体が動き出すと摩擦力は減る（動摩擦力 < 最大静止摩擦力）．

2.7 方向とベクトル

　これまで直線上の運動を考えてきたが，平面上での運動の場合は，運動の法則をどのように考えたらいいだろうか．

　たとえば斜め方向に物体を投げた場合を考えてみよう．運動は鉛直平面上の運動になる（放物運動）．1.11 項では，放物運動は鉛直方向と水平方向に射影して考える，と説明した．そして，物体は重力によって真下に引っ張られるので，鉛直方向の運動は等加速度運動，水平方向の運動は等速運動になると，天下り的に述べたが，厳密には運動方程式によって説明しなければならない．

　鉛直平面上の運動の場合，運動方程式は，x 方向（水平方向），y 方向（鉛直方向），それぞれに対して与えられる．x 方向の運動については，その加速度を a_x と記し，また x 方向に働く力を F_x と記すと，運動方程式は

$$ma_x = F_x \tag{1}$$

となる．また y 方向の運動については，同じような記号を使って

$$ma_y = F_y \tag{2}$$

である．質量 m は共通である．そして力 F が重力だとすれば，それは真下（つまり $-y$ 方向）に働く力なので，x 方向には働かず $F_x = 0$ であり，したがって x 方向については加速度 a_x は 0，つまり等速運動になる．また，$F_y = -mg$（一定）なので，y 方向は，加速度 a_y が $-g$ の等加速度運動になる．これが，1.11 項で述べた結論であった．

　重力は真下に働くので話は簡単だったが，力が斜め方向に働いていたらどのように考えたらいいだろうか．F_x や F_y はどうなるだろうか．このような問題は，最初から特定の方向に射影して考えるのではなく，全体を「ベクトル」的に考えるとわかりやすい．

　そこでまず，ベクトルについて簡単な解説（復習）をしておこう．ベクトルとは，大きさと方向をもった量であり，矢印で表される．記号は太文字で，$\boldsymbol{a}$ と書いたり，あるいは上に矢印を付けて $\vec{a}$ と書くこともあるが，この本では太文字表記のほうを使う．

2.7 方向とベクトル

ベクトルを何倍かするとは，方向を変えないで大きさだけ増減させることである（図は2倍した例）．何分の1かにするという操作も同様である．また $-a$ とは a に -1 を掛けるということだが，大きさは変えないまま方向を逆転させる．

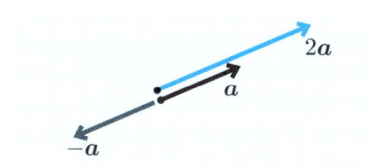

次に，2つのベクトルの足し算 $a+b$ を考えよう．これは，普通の数の足し算との類推で考えられる．たとえば $2+1$ は数直線で考えれば，原点から2だけ進み，さらに1だけ進んだ位置である．ベクトルの場合も，まず始点を決め，そこから a だけ進み，さらに b だけ進む．始点とその終点を結んだ矢印が，$a+b$ の答えである．

ベクトルの足し算は平行四辺形で考えてもよい．a と b で作った平行四辺形の対角線が $a+b$ になる．

足し算が定義できれば引き算も定義できる．$a-b$ の答え c を得るには，$b+c=a$ になるように c を求めればよい．a と b を表す矢印を共通の始点から描くと，b の終点から a の終点へ向かう矢印が c になることは，$b+c=a$ になることからわかるだろう．

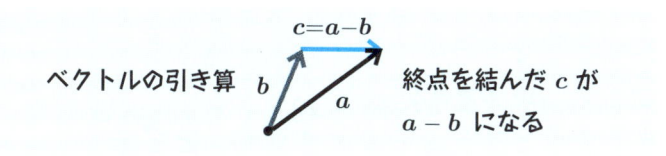

物体の運動の問題に戻ろう．まず，平面上の各時刻での物体の位置をベクトルで表す（位置ベクトルと呼ぶ）．それは，平面上のどこかに固定した点 O（原点あるいは基準点と呼ぶ）から，物体の位置までの矢印で表されるベクトルであり，通常，$r(t)$ と表す．物体の位置は時刻によって変わるので t の関数として表した．

時刻が t から $t + \Delta t$ まで経過した時の位置の移動は，位置ベクトルの差で表される．これを**変位ベクトル**と呼び，Δr と記すと

$$\Delta r = r(t + \Delta t) - r(t)$$

である．

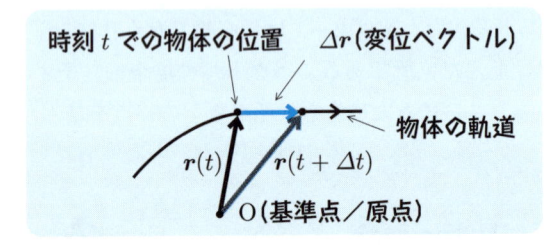

変位 Δr を時間 Δt で割ったものが，この時間における**速度ベクトル**である．

$$v(t) = \frac{\Delta r}{\Delta t}$$

（厳密には Δt を無限に小さくする）．Δt は単なる数なので，割ってもベクトルの向きは変わらない．つまり速度ベクトルの方向は Δr の方向と同じである．このことから，各点での速度ベクトルは，そこでの軌道の接線の方向に等しいことがわかるだろう．

運動方程式には加速度ベクトルが必要である．速度ベクトルが位置ベクトルの変化 Δr から得られるように，加速度ベクトル a は速度ベクトルの変化

$$\Delta v = v(t + \Delta t) - v(t)$$

から求める．

2.7 方向とベクトル

速度ベクトル $\boldsymbol{v}$ は軌道上に描くことが多いが，$\Delta\boldsymbol{v}$ を図示するには始点を共通にして比較しなければならない（向きと長さを変えないで移動する）．$\Delta\boldsymbol{v}$ を使えば加速度ベクトルは

$$\boldsymbol{a}(t) = \frac{\Delta\boldsymbol{v}}{\Delta t}$$

力にも向きがあるのでベクトルである．物体を押している（あるいは引っ張っている）方向が力の向きである．そこで力も太文字で $\boldsymbol{F}$ と表すと，運動方程式は

$$m\boldsymbol{a} = \boldsymbol{F}$$

つまり，加速度ベクトル $\boldsymbol{a}$ は力の方向を向き，それを m 倍したものが力のベクトル $\boldsymbol{F}$ に等しいという法則になる．そしてこの式の x 方向への射影，y 方向への射影がそれぞれ，38 ページの式 (1) と式 (2) になる．

課題 1.11 項の課題の放物運動の軌道上に，$x = 2\,\mathrm{m}$ と $x = 5\,\mathrm{m}$ での速度ベクトルと加速度ベクトルを記せ（大きさと方向を記せ）．

考え方 x 方向は等速運動，y 方向は等加速度運動である．$x = 5\sqrt{2}\,t$ だから，それぞれの時刻は $t = \frac{\sqrt{2}}{5}\,\mathrm{s}$, $t = \frac{\sqrt{2}}{2}\,\mathrm{s}$ である．

解答 速度を求めると

$x = 2\,\mathrm{m}$：　$v_x = 5\sqrt{2}\,\mathrm{m/s}$（初速度と同じ）
　　　　　　$v_y(= -gt + 初速度) = (-2\sqrt{2} + 5\sqrt{2})\,\mathrm{m/s} = 3\sqrt{2}\,\mathrm{m/s}$
　　　　　　$v = \sqrt{v_x^2 + v_y^2} = \sqrt{50 + 18}\,\mathrm{m/s} \fallingdotseq 8.2\,\mathrm{m/s}$

$x = 5\,\mathrm{m}$：　$v_x = 5\sqrt{2}\,\mathrm{m/s} \fallingdotseq 7.1\,\mathrm{m/s}$,　$v_y = 0\,\mathrm{m/s}$

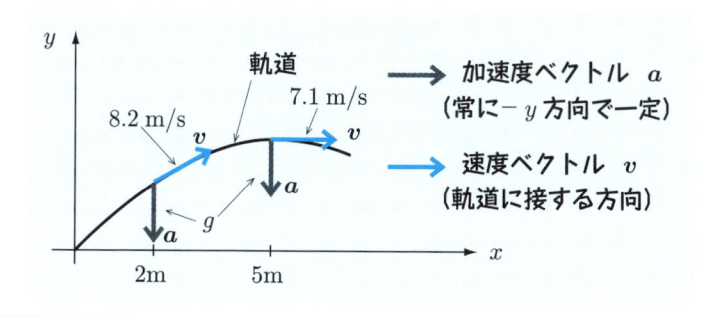

2.8 等速円運動の加速度と力 ― 方向

　円運動という現象はよく見られる．正確に円を描いているとは言えない場合も多いが，たとえば太陽の周りを地球や惑星が回っている，人工衛星が地球の周りを回っている，遊園地でアームの先に付いた乗り物がモーターで回されている，ハンマー投げでハンマーが振り回されている，円形のバンクで競輪自転車が周回しているなどの現象がある．

　これらの運動も $ma = F$ という法則に従っているはずだが，具体的にどのような力が働いているのだろうか．どの方向を向く，どれだけの大きさの力が働いているのだろうか．それを知るためにまず，円運動の加速度 a を求めよう．力のベクトルは加速度ベクトルに比例しているからである．

　ここでは特に，等速で動いている場合を考える．**等速円運動**という．等速だからと言って加速度がないと考えてはいけない．直線運動ではない，つまり動く方向が変わっているので，速度ベクトルは一定ではなく，加速度がある．

　下の図では，円周上の隣接した 2 点 A，B での速度ベクトルを記した．それぞれ v_A，v_B とする．物体は左回りに動いていると仮定し，どちらもその方向に矢印を描く．また，速さ（速度ベクトルの大きさ）は変わらないので，矢印の長さは同じにする．

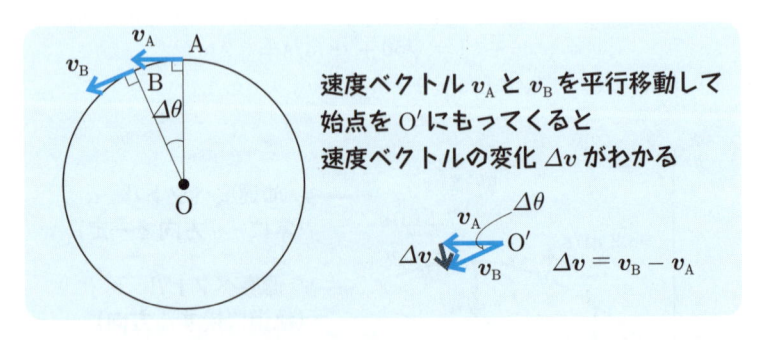

速度ベクトル v_A と v_B を平行移動して
始点を O' にもってくると
速度ベクトルの変化 Δv がわかる

$\Delta v = v_B - v_A$

　速度ベクトルの変化を見るには，始点を共通にして描いてみればよい．図の Δv が，A から B に動いた時の速度ベクトルの変化である．この間の経過時間を Δt とすると，$\frac{\Delta v}{\Delta t}$ という比の，Δt をゼロにした極限（B を A に近づけた極

2.8 等速円運動の加速度と力 — 方向

限)が瞬間加速度である。Δv はベクトルだから，加速度もベクトルになる．

このときの Δv の方向を考えてみよう．OA と OB の角度を $\Delta \theta$ とすると，v_A と v_B の角度も $\Delta \theta$ である（どちらも円の接線方向を向いているので，それぞれ OA あるいは OB と直交しているからである）．しかし A と B がほぼ一致していれば $\Delta \theta$ はほぼゼロなので，二等辺三角形の性質から，Δv と v_A（あるいは v_B）の角度はほぼ直角になる．ということは，Δv の方向，つまり加速度の方向は接線に垂直，すなわち円の中心方向だということになる．

加速度が円の中心を向いているので（**向心加速度**という），それをもたらす力も円の中心方向を向く．この力を**向心力**と呼ぶ（遠心力ではないことに注意）．

力が中心を向いていることは，円の A 付近を拡大してみてもわかる．

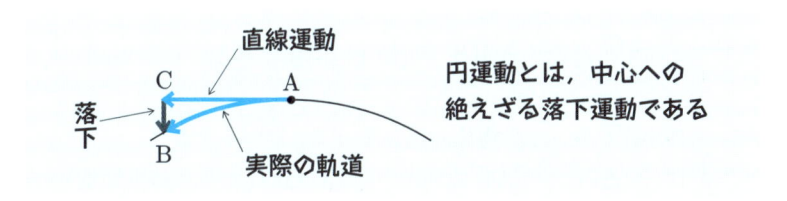

<図：直線運動・実際の軌道・落下。円運動とは，中心への絶えざる落下運動である>

A を通過した物体は，力を受けなければ接線方向にそのまま飛び去っていくだろう．微小時間 Δt が経過したとき，それは B ではなく C に進んでいるということである．つまりこの時間に物体は，慣性で C まで進むと同時に，力によって B に落下したことになる．CB の方向は，B が A に非常に近ければ，円の中心方向に他ならない．これは円周上のどの位置でも言えることである．つまり等速円運動は中心への絶えざる落下運動であり，働いている力は常に中心向きでなければならない．

この力（向心力）は，惑星だったら太陽の重力，人工衛星だったら地球の重力，振り回されているハンマーだったらハンマーに付けられたワイヤーの張力，円形のカーブを曲がっている車だったら道路から受ける摩擦力（道路が傾いていたら道路から受ける垂直抗力も）など，場合によってさまざまである．

2.9 等速円運動の加速度と力—大きさ

加速度（向心加速度）の方向がわかったので，次に，その大きさを求めよう．

まず，下の円運動の図でのOABと，速度の図のOA′B′が相似であることに注意しよう（$\Delta\theta$ は充分に小さいのでABは直線とみなせるとする）．

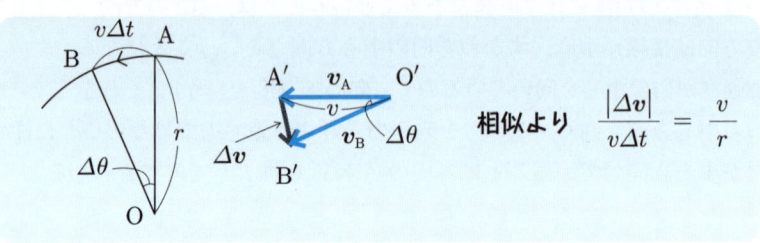

相似より $\dfrac{|\Delta v|}{v\Delta t} = \dfrac{v}{r}$

つまり，すべての対応する辺どうしが比例関係にある．たとえば
$$\frac{\text{A}'\text{B}'}{\text{AB}} = \frac{\text{O}'\text{A}'}{\text{OA}}$$
ここで，円の半径を r，この物体の速さを v（一定）とすると，

A′B′ $= |\Delta v|$,　　AB $= v\Delta t$　（時間 Δt における移動距離）

O′A′ $= v$,　　OA $= r$

上の比例関係の式に代入すると $\dfrac{|\Delta v|}{v\Delta t} = \dfrac{v}{r}$. 加速度は速度の変化率 $\dfrac{\Delta v}{\Delta t}$ なので

$$\text{向心加速度の大きさ} = \frac{v^2}{r} \tag{1}$$

となる（$\dfrac{v^2}{r}$ の単位が加速度の単位になることに注意）．

速度 v が大きくなるほど加速度は大きくなり，また半径 r が小さくなるほど（曲がり方が急になるので）加速度は大きくなる．この向心加速度に物体の質量を掛けたものが，必要な向心力となる．

課題1　（人工衛星）地表ぎりぎりの所を，人工衛星がぐるぐる回っている．1周，どれだけかかるか．ただし地球を半径 6,400 km の球として考えよ．

2.9 等速円運動の加速度と力—大きさ

考え方 どんな物体がどのような運動をしていたとしても,地表上での重力による加速度は,下向き（地球中心方向）で,大きさは g である.したがって,$g = \frac{v^2}{\text{半径}}$ という関係が成り立つ.

解答 円運動の加速度を,周期で表す公式を導いておこう.円の半径を r とすると円周は $2\pi r$ だから,速さ v で1周するのにかかる時間（周期）は

$$\text{周期} = \frac{2\pi r}{v} \quad \Rightarrow \quad v = \frac{2\pi r}{\text{周期}}$$

これを加速度 $= \frac{v^2}{r}$ の式に使って v を消去すれば

$$\text{加速度} = \frac{\left(\frac{2\pi r}{\text{周期}}\right)^2}{r} = \left(\frac{2\pi}{\text{周期}}\right)^2 \cdot r \tag{2}$$

加速度が g の場合にこの式を変形すると

$$\text{周期} = 2\pi\sqrt{\frac{r}{g}} \fallingdotseq 5.0 \times 10^3 \,\text{s} = 1.4 \,\text{時間}$$

(人工衛星が上空にある場合には r が増え重力は減るので周期は長くなる.)

課題2 質量 10 kg の鉄球をロープに付けて,摩擦のない水平面上を,1周3秒の速さで回転させる.鉄球は半径 2 m の円周上を回るとすると,ロープはどれだけの大きさの力で引っ張られるか.それは,鉄球に働く重力の何倍か.

解答 課題1の式 (2) を使えば,この場合の鉄球の加速度は

$$\text{加速度} = \left(\frac{2\pi}{3\,\text{s}}\right)^2 2\,\text{m} \fallingdotseq 8.8 \,\text{m/s}^2$$

必要な力はこれに 10 kg を掛けて 88 N となる.ロープはこれだけの力で鉄球を引っ張っているのだから,逆に鉄球はこれだけの力でロープを引っ張る.この加速度は g の約 0.9 倍なので,ロープの力はこの鉄に働く重力の約 0.9 倍となる.

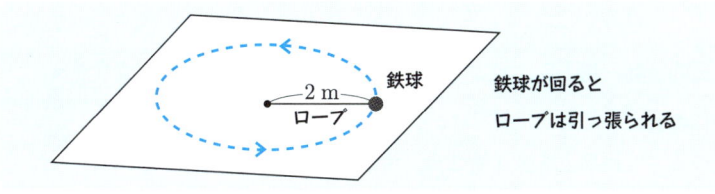

章のまとめ

- **慣性の法則（運動の第 1 法則）**
  周囲から影響を受けていない物体は，等速直線運動をし続ける．

- **運動方程式（運動の第 2 法則）**
  力は物体に（速度ではなく）加速度を与える．
  質量とは，物体の速度の変えにくさ，つまり加速度の与えにくさを決める量である．慣性の大きさを表す量なので，**慣性質量**ともいう．

  質量 × 加速度 = 力
  $ma = F$　あるいは　$m\frac{dv}{dt} = F$

- 力の単位は **N**（ニュートン）　$1\,\mathrm{N} = 1\,\mathrm{kg\,m/s^2}$　（質量と加速度の単位の積）

- **重力は質量に比例**
  　　重力（地表上）= mg
  比例係数 g は $9.8\,\mathrm{m/s^2}$（約 $10\,\mathrm{m/s^2}$）で，重力加速度という．
  重力のみを受けて落下する物体の加速度は常に g（下向き）である．

- **作用・反作用の法則（運動の第 3 法則）**
  物体 A が物体 B に力を及ぼすとき（作用），逆に物体 B も物体 A に力を及ぼす（反作用）．作用と反作用は常に逆向きで大きさが等しい．
  物体内部で及ぼし合っている力（作用と反作用）をその物体の内力という．物体全体として見たとき内力は打ち消し合う．

- **垂直抗力**　物体を台に押しつけたときの台からの反作用が垂直抗力である．

- **摩擦力**
  接触している物体をずらそうとするときに働く力が摩擦力である．
  摩擦力の大きさは，物体が動いているとき（動摩擦力）と動いていないとき（静止摩擦力）では異なる．

- **2 次元的運動**　横方向，縦方向それぞれに対して運動方程式が成り立つ．

- **等速円運動**
  一定の速さで円周上を動く物体は，中心方向を向く加速度をもつ．
  　　向心加速度 = $\frac{v^2}{r}$　（r：半径, v：速さ）
  つまり中心方向を向く力を受けていなければならない．この力を一般に向心力という．向心力が具体的に何の力であるかは，場合によって異なる．

第3章

エネルギーと運動量

　エネルギーとは物理では，仕事（＝力×変位）によって増減する量として定義される．速度で決まる運動エネルギーと，配置で決まる位置エネルギーがあり，その合計を力学的エネルギーという．エネルギーと仕事の関係を使うと，運動の途中経過にわずらわされずに最初の状態と最後の状態との関係を求めることができる．エネルギーの出入りがなく熱の発生のないシステムでは力学的エネルギーは保存する．他にも保存する量として運動量という量が定義される．

力学的エネルギー
仕事
仕事の原理
バネの力
振動
万有引力とそのエネルギー
運動量保存則

3.1 力学的エネルギー

地表で物体を真っすぐ投げ上げ，また落ちてくるという現象を考えよう．

1.10 項の等加速度運動の式が使える．上向きを $+x$ 方向とすれば，加速度は下向きなので $a = -g$ である．投げ上げた時刻を $t = 0$，そのときの位置を $x = x_0$，初速度を $v_0 (> 0)$ とする．1.10 項の式より

$$v = v_0 - gt, \quad x = x_0 + v_0 t - \tfrac{1}{2} g t^2 = x_0 + \tfrac{v_0^2}{2g} - \tfrac{1}{2} g \left(t - \tfrac{v_0}{g} \right)^2$$

この式より，時刻 $t = \tfrac{v_0}{g}$ のときに最高の位置 $x = x_0 + \tfrac{v_0^2}{2g}$ に達して瞬間的に停止し ($v = 0$)，その後落ちてくるが ($v < 0$)，元の位置 $x = x_0$ に戻るのは $t = \tfrac{2v_0}{g}$ であり，そのときの速度は $-v_0$（初速度と大きさが同じ）であることがわかる．

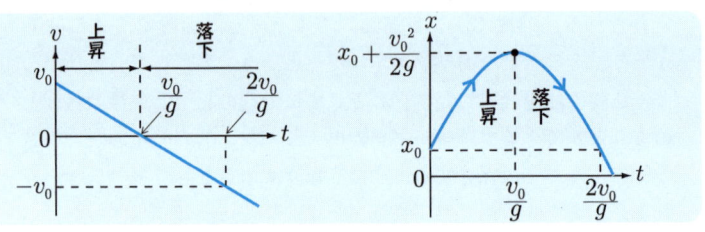

つまり，この物体は最初は勢いを失いながら，その代わりに高さを獲得していく．そして勢いを完全に失ったときに最高の高さになり，その後は逆に高さを失いながら勢いを増し，元の位置に戻ったときは最初の勢いを取り戻す．

このことを量的に表すのがエネルギーという概念である．まず勢いを表すために**運動エネルギー**という量を次のように定義する．

$$\text{運動エネルギー} = \tfrac{1}{2} m v^2 \tag{1}$$

m はこの物体の質量である．勢いの大きさは物体の質量に比例すると考えるのが自然なので，m を掛けてある．また速度が増せば，その向き（プラスかマイナスか）にかかわらず運動エネルギーも増える．

次に高さによるエネルギーという意味で，**位置エネルギー**（別名：ポテンシャルエネルギー）という量を定義する．これは状況によって形は異なるが，地表上で $-mg$ という重力を受けている場合には，高さ x の位置にあるとき

$$\underset{\text{(地表付近)}}{\text{位置エネルギー}} = mgx \tag{2}$$

とする．

3.1 力学的エネルギー

そして，運動エネルギーと位置エネルギーの和を**力学的エネルギー**（あるいは**全力学的エネルギー**）という．物体が上昇しているときは運動エネルギーが減り位置エネルギーが増える．落下しているときはその逆である．では，その和（E と書く）はどうなるか，各時刻で計算してみよう．

$$\underset{\text{(力学的エネルギー)}}{E} = \tfrac{1}{2}mv^2 + mgx = \tfrac{1}{2}m(v_0 - gt)^2 + mg(v_0 t - \tfrac{1}{2}gt^2)$$
$$= \tfrac{1}{2}mv_0^2 + mgx_0 \tag{3}$$

結果だけを書いたが，時刻 t に依存する部分はすべて打ち消し合ってなくなってしまう（これは 1.10 項で示した位置と速度の関係で $a = -g$ としたものと同等）．結局，各項は変化しているにもかかわらず E 全体は一定であり，したがってその値は $t = 0$ での値に等しい（式 (1) に $\tfrac{1}{2}$ を付けたのもこのためである）．

これを（**力学的**）**エネルギー保存則**と呼ぶ．保存則とは一般に，ある値が一定だということで，「力学的」という限定がついているのは，熱のことを考えていないからである（熱については次章を参照）．

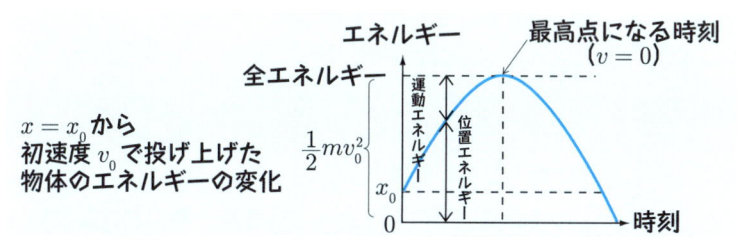

エネルギーの定義について 2 つ注意をしておこう．式 (2) の位置エネルギーは，地表上 $x = 0$ でゼロになるように定義されている．つまり地表を位置エネルギーの基準点としている．しかし別の位置を基準点としてもよい．基準点を $x = h$ とすれば位置エネルギーは $mg(x - h)$ となる．しかしこれはエネルギーを定数 mgh だけずらすだけなので，エネルギーが保存することには変わりはない．

また，平面上の 2 次元的な運動だったら，運動エネルギーは

$$\text{平面運動の運動エネルギー} = \tfrac{1}{2}m(v_x^2 + v_y^2)$$

となる．しかし放物運動だったら水平方向（x 方向）の速度 v_x は一定なので，エネルギーを定数（$\tfrac{1}{2}mv_x^2$）だけ変えるだけで，保存則には影響しない．

3.2 仕事

物体の力学的エネルギーを前項で定義したが，正確に言えば，これは物体と地球という，2つのものからなるシステムのエネルギーである．一般に，2つのものからなるシステムの全エネルギーは，それぞれの運動エネルギーと，2つの位置関係から決まる位置エネルギーの合計である．しかし地表上の落下運動では，地球は静止していると考えていいので，地球の運動エネルギーは無視した．原理的には地球も物体から力を受けて動くが，物体に比べて地球の質量が無限に大きいと考えれば，地球の動きは無視できる（地球が動いていることを考える場合でも，物体によるその動きの変化は無視できる）．

一般に，エネルギー保存則が成立するのは，互いに影響を及ぼし合っているすべてのもののエネルギーを合計したときである．たとえば落下運動で，物体だけからなるシステムを考えれば，エネルギーは物体の運動エネルギーだけになるので，保存しない．物体の運動エネルギーは，システムの外部から（つまり地球から）力を受けて変化する．

その変化は，前項式 (3) を変形して

$$\tfrac{1}{2}mv^2 - \tfrac{1}{2}mv_0^2 = (-mg) \times (x - x_0) \tag{1}$$

と表される．この式は次のように表現できる．つまり，物体（のみ）からなるシステムのエネルギーの変化は，そのシステムに外部から働く力（重力 $= -mg$）と，物体の変位 $x - x_0$ の積に等しい．

ここで**仕事**という概念を導入する．ある力が，その力が働いている物体にした仕事とは，「（その力を受けている間の）物体の変位に力を掛けたもの」である．この言葉を使うと

$$\text{物体（システム）の全エネルギーの変化} = \text{外力がその物体に対して行った仕事} \tag{2}$$

となる．これは落下物体に限らず，一般的に成り立つ式である（この式の一般的な証明はしないが，式 (1) とは別の例を次項で紹介する）．

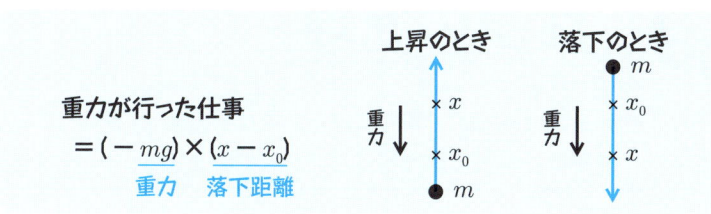

3.2 仕事

重力が行った仕事
$= (-mg) \times (x - x_0)$
重力　落下距離

上昇のとき：重力 ↓、x、x_0、m
落下のとき：m、x_0、重力 ↓、x

ここで仕事の符号について注意しておこう．たとえば上昇中だったら変位はプラス（式 (1) で $x > x_0$）だが重力 $-mg$ はマイナスなので，その積である仕事はマイナスになる．したがって物体の運動エネルギーは減少するはずだが，これは上昇中なのだから正しい．また落下中だったら変位がマイナスで力もマイナスだから仕事はプラスになる．運動エネルギーが増すことを意味する．

式 (2) は，左辺が位置エネルギーの変化の場合にも成り立つ．次の課題を考えてみよう．

> **課題**　質量 m の物体を，手で，非常にゆっくりと x_0 から x まで持ち上げる．そのとき，手が物体にした仕事と，物体の力学的エネルギーの変化が，式 (2) を満たしていることを示せ．「非常にゆっくりと」とは，物体の速度をほとんどゼロのまま，ほとんど無限の時間をかけて持ち上げるという意味である．つまり運動エネルギーは無視できる．
>
> **考え方**　「非常にゆっくりと」持ち上げるためには，手が物体に及ぼす力の大きさは，重力の大きさ mg に等しくなければならない（向きは逆）．さもないと物体に働く合力がゼロではなくなり，物体が加速してしまう．
>
> **解答**
>
> 　　手が物体に対して行った仕事
>
> 　　$=$ 手が物体に及ぼした力の大きさ $\times$ 物体の変位 $= mg \times (x - x_0)$
>
> 一方，このプロセスでは物体の運動エネルギーはゼロのままであり
>
> 　　物体の力学的エネルギーの変化 $=$ 位置エネルギーの変化 $= mg(x - x_0)$
>
> これは手が行った仕事に等しい．

この課題では，物体と地球というシステムに対して，「手の力」という外力が仕事をしたという見方をしている．そしてその見方でも，式 (2) が成り立っていることがわかった．

3.3 仕事の原理

前項では，物体を手で真っすぐ持ち上げた．では，斜面に沿って持ち上げたらどうなるか．最初は，斜面には摩擦はないとして考えよう．

> **課題1** 質量 m の物体を手で，傾斜角 θ の斜面に沿って高さ h だけ，「非常にゆっくりと」持ち上げる．そのときに手が物体に対して行った仕事と，物体のエネルギーの変化を比較せよ．ただし手は，斜面に平行な方向に力を及ぼすものとする．
>
> **考え方** 「非常にゆっくりと」持ち上げるためには，重力によって滑り落ちようとする力とちょうどつり合うだけの力を加えなければならない．
>
> **解答** 物体には，重力，斜面からの垂直抗力，そして手の力が働いている．斜面方向の成分と，それに垂直な方向の成分に分けて考えるとわかりやすい．
>
> 重力の，斜面に垂直な方向の成分は，垂直抗力とつり合う（物体は斜面に垂直な方向には動いていないのだから）．そして斜面方向の成分（$mg\sin\theta$）は，手の力とつり合う．つまり手の力は，斜面上向きに $mg\sin\theta$ である．また，高さ h だけ上がったときのこの物体の変位（斜面の長さ）は $\frac{h}{\sin\theta}$ である．したがって
>
> $$\text{手が行った仕事} = mg\sin\theta \times \frac{h}{\sin\theta} = mgh$$
>
> となり位置エネルギーの変化に等しい（運動エネルギーはゼロのまま）．

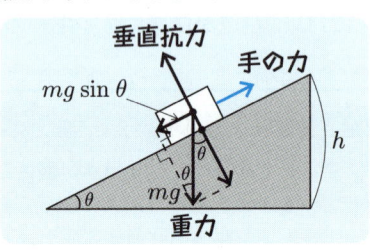

斜面を持ち上げるので，力は $\sin\theta$ だけ小さくてすむが，その分，物体の移動距離は長くなる．その結果，力と移動距離の積である仕事は変わらない（高さ h だけで決まる）という点が重要である．位置エネルギーの変化は高さだけで決まるので，前項式 (2) が正しいとすれば仕事は途中の経路に依存しないのは予想されたことである．仕事は経路に依存しないということを一般に，**仕事の原理**という．

3.3 仕事の原理

左ページの課題では，摩擦はないとしている．摩擦力がある場合には，必要な手の力も，その分だけ大きくしなければならない．それでも，前項式 (2) は成り立つ．ただしこの式の右辺の外力は，手の力と摩擦力の合力になる．つまり

物体の全エネルギーの変化 = 手の力がその物体に対して行った仕事
+ 摩擦力がその物体に対して行った仕事

摩擦力のある例として次の問題を考えてみよう（手で押す問題ではない）．

課題 2 質量 m の物体が，傾斜角 θ の斜面を高さ h だけ滑り落ちる（初速度 = 0）．斜面と物体の間には大きさ f の動摩擦力が働くとする．このとき，物体の力学的エネルギーの変化（運動エネルギーも位置エネルギーも変化する）が，摩擦力が行った仕事（マイナスになる）に等しいという式を書け．またその式が成立していることを，等加速度運動の式から確かめよ．

考え方 滑り落ちた地点を位置エネルギーの基準点とする．また，滑り落ちた時点での速度を v として式を書け．問題の後半では，等加速度運動の公式（1.10 項）より v を具体的に計算する．

解答

$$\text{滑りだす前の力学的エネルギー} = mgh$$

$$\text{滑り落ちた後の力学的エネルギー} = \tfrac{1}{2}mv^2$$

$$\text{摩擦力が行った仕事} = \text{摩擦力} \times \text{滑った距離} = -\frac{fh}{\sin\theta}$$

以上より，求める式は $\tfrac{1}{2}mv^2 - mgh = -\frac{fh}{\sin\theta}$．

この式が正しいことを確かめよう．物体には斜面方向に $mg\sin\theta - f$ の力が働くので（滑る方向をプラスとする），加速度 $g\sin\theta - \frac{f}{m}$ の等加速度運動をする．この値を 1.10 項式 (3) の a に代入すると，$x_0 = v_0 = 0$（斜面の頂点），$x = \frac{h}{\sin\theta}$（斜面の最下点）なので

$$v^2 - 0$$
$$= 2(g\sin\theta - \tfrac{f}{m})(\tfrac{h}{\sin\theta} - 0)$$
$$= 2gh - \frac{2fh}{m\sin\theta}$$

これは上記の仕事の式と同等である．

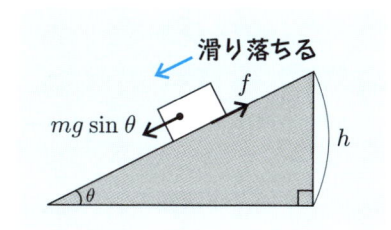

3.4 バネの力

重力 mg が働いているときは，それに対応して位置エネルギー mgx がある．重力以外にも，位置だけで決まる力に対しては，それに対応した位置エネルギーというものが考えられる．

注意 摩擦力のような，位置だけでは決まらない力（動いているかいないか，どちらの方向に動いているかによって変わる）に対しては，位置エネルギーというものは存在しない． ○

位置エネルギーが決められる重要な例として，バネの力がある．まず，バネの性質について簡単に復習しておこう．バネの運動とは通常，バネの片端を固定し，他の端に物体を付けたときの物体の運動である．バネはぶら下げてもいいが，ここでは重力の影響を避けるために，図のように，摩擦のない水平面上に置いて考える．

バネが**自然長**（力が働いていないときの長さ）であるときの物体の位置を $x=0$ とし，右向きをプラスとする．物体の位置 x がプラスのときはバネは伸びており，縮もうとする．つまり左向きの力（**復元力**）を物体に及ぼす．物体の位置 x がマイナスのときはバネは縮んでおり，伸びようとする．つまり右向きの力（やはり復元力）を物体に及ぼす．

このバネの力を具体的に式で表そう．伸縮が小さいときは**フックの法則**という経験則があり，復元力 F は伸縮に比例する．伸縮の程度は物体の位置 x で表されるので，比例係数（**バネ定数**）を k (>0) とすると

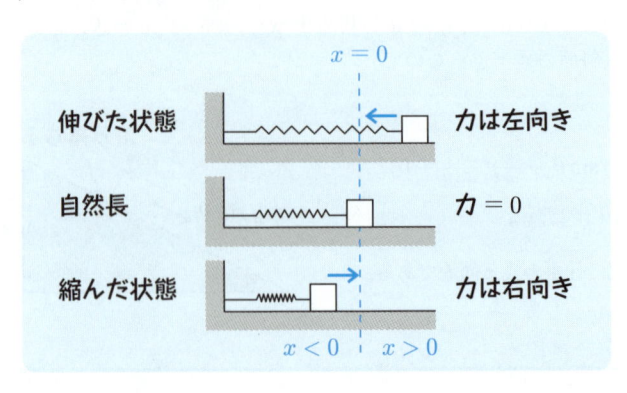

伸びた状態	～～～← □	力は左向き
自然長	～～～ □	力 $=0$
縮んだ状態	～～ → □	力は右向き

$x<0$ ｜ $x>0$

3.4 バネの力

$$\boxed{フックの法則：\quad F = -kx} \tag{1}$$

マイナスを付けるのは復元力だからである．たとえば $x > 0$ ならば伸びているので，力はマイナス方向にならなければならない．

バネの位置エネルギー　重力の場合，物体を持ち上げるとその位置エネルギーは増える．同様に，バネに付いた物体を引っ張ってバネを伸ばしても，(物体に対して仕事をしているのだから)位置エネルギーが増えると考えられる．といっても，大きさが一定の重力と，位置によって変わるバネの力では位置エネルギーの式は異なるだろう．3.2 項の「非常にゆっくりと」動かすというテクニックを使って，バネの位置エネルギーを求めてみよう．

$$位置エネルギーの変化 = 仕事$$

という関係が出発点である．ただしこの場合の仕事とは，バネの力にさからって物体を動かすのに必要な最小限の力，$+kx$（F_0 と書く）による仕事である．このとき仕事は，下図のような力のグラフの面積で表される．

物体が x にあるときの位置エネルギーを $U(x)$ とすれば，

$$U(x) - U(0) = F_0 により原点から x まで動かすときの仕事$$

であり，通常，バネが伸縮していない状態（$x = 0$）の位置エネルギーをゼロとするので（$U(0) = 0$），そのときは

> **バネの位置エネルギー：**
> $U(x) = \frac{1}{2}kx^2$
> **力学的エネルギー：**
> $E = \frac{1}{2}mv^2 + \frac{1}{2}kx^2$

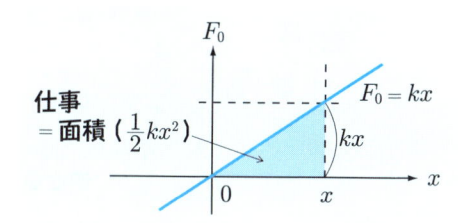

仕事 = 面積 $\left(\frac{1}{2}kx^2\right)$，$F_0 = kx$

> **課題**　水平な台の上に置かれたバネ定数 k のバネに質量 m の物体を付けて，自然長から x_0 だけ伸ばして手を放した．バネが縮んで物体が $x = 0$ を通過したときの速さ v_0 をエネルギー保存則から求めよ．
>
> **解答**　手を放したときの位置エネルギーが，$x = 0$ を通過したときの運動エネルギーに等しい．つまり $\frac{1}{2}kx_0^2 = \frac{1}{2}mv_0^2$ だから，$v_0 = \sqrt{\frac{k}{m}}\,x_0$．

3.5 振動

前項左ページの図のようなバネに付いた物体の動きを考えよう．たとえば，自然長の位置（$x=0$）にある物体が右に動いていたとしよう．物体はしばらくは右に動き続けるだろうが，バネは伸びるので左向きの復元力が働いて減速する．そしてある位置まで行くと物体は瞬間的に停止し，次に左向きに動き出しバネは縮む．原点（$x=0$），つまり自然長まで縮むと力はゼロになるが，物体は動いているので，慣性の法則（2.1項）により，そのまま動き続ける．ただし$x<0$になると，今度は逆向き（右向き）の力が働きだすので，減速して，ある位置まできて止まる．そして今度は右向きに動き出して，また最初の位置まで戻るという運動を繰り返す．このような運動を**振動**といい，バネに限らず，自然界によくある振る舞いである（たとえば振り子など）．

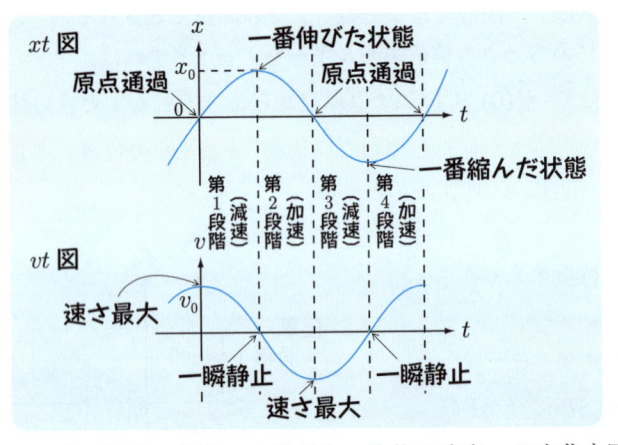

上のグラフには，物体の位置xの動きと，物体の速度vの変化も図示してある．$t=0$のとき速度v_0で$x=0$を通過し減速しながら右に向かう（第1段階）．つまりxは増えるがvは減る．$x=x_0$に達した後，第2段階ではxは減り（バネが縮む），速度は左向き（$v<0$）．自然長$x=0$の位置を通り過ぎた後も物体はしばらくは左に動き続けるので（第3段階），バネは短くなり続ける．そして減速して$x=-x_0$で瞬間的に止まった後，第4段階に入りバネは最初の$x=0$，$v=v_0$に戻る．この動きを繰り返すので，位置座標の振動とともに，速度も少しずれた形で振動することになる．振動がずれているため，位

3.5 振動

置エネルギーが減ると運動エネルギーが増え，位置エネルギーが増えると運動エネルギーが減ることになる．

三角関数を知っている人は，左ページに描いたグラフが三角関数（sin あるいは cos）のように振る舞っていることに気付くだろう．たとえば

$$f(t) = A\sin\omega t \quad \text{あるいは} \quad f(t) = A\cos\omega t \quad (1)$$

という関数は，グラフに描くと以下のようになる．

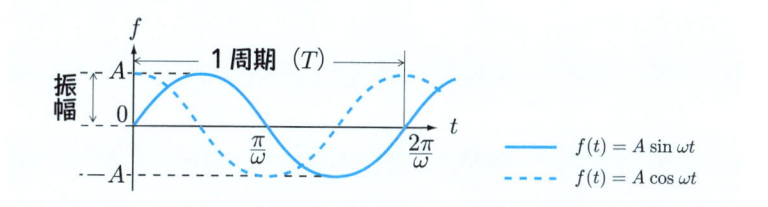

どちらも A と $-A$ の間を振動している．A をこの振動の**振幅**という．振動の幅である．また，$t = 0$ から $t = \frac{2\pi}{\omega}$ までが一回の振動なので，これを振動の**周期**といい，通常，T で表す．

$$\text{周期}：T = \frac{2\pi}{\omega}$$

これを使えば式 (1) は

$$f(t) = A\sin\left(\frac{2\pi t}{T}\right) \quad \text{あるいは} \quad f(t) = A\cos\left(\frac{2\pi t}{T}\right)$$

t が T だけ増えれば sin あるいは cos の中が 2π（360 度）だけ増えるので，運動が一巡することがわかるだろう．ω 自体は**角振動数**という．t が 1 単位だけ増えたときに三角関数の中（角度とみなす）がどれだけ増えるかを表す．

上の図と，左ページの物体の振動の図を比較すると，

物体の位置座標： $x(t) = x_0 \sin\omega t,$ 　　物体の速度： $v(t) = v_0 \cos\omega t$

というように対応していることがわかる．この式が厳密に成り立つ振動を特に**単振動**という．

前項の課題から $v_0 = \sqrt{\frac{k}{m}} x_0$ である．また，位置座標の微分が速度であり，$\frac{d\sin\omega t}{dt} = \omega\cos\omega t$ であることを考えれば，$v_0 = \omega x_0$ になるので

$$\underset{(\text{角振動数})}{\omega} = \sqrt{\frac{k}{m}} \quad \text{あるいは} \quad \underset{(\text{周期})}{T} = 2\pi\sqrt{\frac{m}{k}}$$

3.6 万有引力とそのエネルギー

これまで重力といえば，地表付近にある物体に働く重力 mg を考えてきた．ニュートンは，惑星や月の運動，そして地上での物体に働く重力について調べ，すべての物体の間には重力が働いていることを示した．これが有名な**万有引力の法則**である．その力の大きさは，物体間の距離の 2 乗に反比例し，物体それぞれの質量に比例する．距離を r，物体の質量をそれぞれ M, m とすれば

$$\text{万有引力}: \quad F = \frac{GMm}{r^2} \tag{1}$$

ただし G は比例定数であり，**重力定数**あるいは**ニュートン定数**と呼ばれている．その値は

$$G \fallingdotseq 6.67 \times 10^{-11} \, \text{m}^3 \, \text{kg}^{-1} \, \text{s}^{-2}$$

また距離 r とは，たとえば地球のような球形の天体の場合には，その中心から測らなければならない．

> **課題** 万有引力の法則式 (1) と，地表上での重力加速度 g との関係を述べよ．
> **解答** 地球の質量を M とし，また地球の中心から地表までの距離（つまり地球の半径）を R とすれば，地表上の質量 m に働く重力は $\frac{GMm}{R^2}$ となる．これが mg に等しいので
>
> $$g = \frac{GM}{R^2}$$
>
> となる（ニュートンは月の運動から GM の値を求め，上式を確かめた．現在では G 自体の値がわかっているので，上式より地球の質量 M が計算できる）．

万有引力の位置エネルギー 位置エネルギーを求めるときの基本は

$$\text{最後の位置でのエネルギー} - \text{最初の位置でのエネルギー} = \text{仕事}$$

という関係である．ある力の位置エネルギーを求めるときは，その力にさからって（無限にゆっくりと）動かすときに必要な力 F_0 による仕事を計算すればよい（3.2 項）．

章のまとめ

- **落下物体での力学的エネルギー保存則**

  運動エネルギー ($\frac{1}{2}mv^2$) ＋ 位置エネルギー (mgh) ＝ 一定

- **仕事とエネルギーの関係**

  仕事 ＝ 力 × （力が働く物体の）変位

  物体の力学的エネルギーの変化 ＝ その物体に働く仕事

- **仕事の原理**

  位置エネルギーが定義できる力（重力など）にさからってする仕事の大きさは，途中の経路には依存しない．

- **バネにつながれた物体**

  物体に働く力（フックの法則） ＝ $-kx$

  ただし，x：自然長の位置からのずれ，k：バネ定数

  物体とバネのシステムがもつ位置エネルギー ＝ $\frac{1}{2}kx^2$

  バネにつながれた物体のエネルギー保存則：

  運動エネルギー ($\frac{1}{2}mv^2$) ＋ 位置エネルギー ($\frac{1}{2}kx^2$) ＝ 一定

- **単振動の公式**

  $x(t) = A\sin\omega t$ あるいは $x(t) = A\cos\omega t$

  ただし，A：振幅，ω：角振動数，周期：$T = \frac{2\pi}{\omega}$

  バネにつながれた物体の場合：

  $\omega_{(角振動数)} = \sqrt{\frac{k}{m}}, \qquad T_{(周期)} = 2\pi\sqrt{\frac{m}{k}}$

- **万有引力**

  物体間の距離 r の 2 乗に反比例，物体それぞれの質量 M と m に比例

  万有引力の法則： $F = \frac{GMm}{r^2}$

  ただし，$G_{(重力定数)} \fallingdotseq 6.67 \times 10^{-11}\ \mathrm{m^3\,kg^{-1}\,s^{-2}}$

  万有引力による位置エネルギー： $-\frac{GMm}{r}$

  地表上の重力加速度 g との関係：

  $g = \frac{GM}{R^2}$ （M：地球の質量，R：地球の半径）

- **運動量 p**

  運動量 ＝ 質量 × 速度　　すなわち　　$p = mv$

  衝突のときの運動量保存則：　物体 1 の運動量 ＋ 物体 2 の運動量 ＝ 一定

3.7 運動量保存則

ここで物体 1 と物体 2 が衝突して，互いに力を及ぼしたとしよう．すると，それぞれについての運動方程式は

物体 1 の運動量の変化率 = 物体 2 が物体 1 に及ぼす力

物体 2 の運動量の変化率 = 物体 1 が物体 2 に及ぼす力

この 2 式を足してみよう（左辺, 右辺それぞれを足す）．すると，作用・反作用の法則から右辺の和はゼロになるので，結局

（物体 1 の運動量 + 物体 2 の運動量）の変化率 = 0

つまり，運動量の和は，衝突があっても変わらないという結論が出る．

一般に，複数の物体が互いに相互作用し，それ以外の力（外力）は何も受けていないとき，それらの物体の運動量の（ベクトル的な）和は変わらないという法則が成り立つ．これを**運動量保存則**という．

課題 1 質量 m と $2m$ の物体（それぞれ A, B とする）が，それぞれ速度 v と $-v$ で正面衝突した（$v > 0$）．
(a) 物体 A が速度 $-v'$ で跳ね返ったときの（$v' > 0$），物体 B の速度を求めよ．
(b) 物体 B の動く方向について考えよ．

解答 (a) 衝突後の物体 B の速度を V とすると，運動量保存則より

$$m(v) + 2m(-v) = m(-v') + 2mV$$
$$\Rightarrow V = \frac{v' - v}{2}$$

(b) $v' > v$ ならば（つまり物体 A が，衝突前よりも大きな速さで跳ね返るならば），物体 B は衝突後，プラス方向に進む．

課題 2 上の課題で，v' の値が取りうる範囲を求めよ．

考え方 2 つの極端なケースを考える．第 1 は，激しく跳ね返って力学的エネルギーが減らないというケース（一般に衝突すると変形が起こり熱が発生するので，力学的エネルギーは減少する）．第 2 は合体してしまうケースである．

解答 第 1 のケースでは

$$\tfrac{1}{2}mv^2 + \tfrac{1}{2}(2m)v^2 = \tfrac{1}{2}mv'^2 + \tfrac{1}{2}(2m)\frac{(v'-v)^2}{4} \quad \Rightarrow \quad v' = \tfrac{5}{3}v$$

第 2 のケースでは $V = -v'$ として，$v' = \frac{v}{3}$．したがって $\frac{5v}{3} \geq v' \geq \frac{v}{3}$．

3.7 運動量保存則

2つのまったく同じ物体が左右から同じ速さで飛んできて正面衝突し，跳ね返ったとしよう．それぞれどのような速さで跳ね返るだろうか．

何かを床にぶつけたことを想像してもわかるように，跳ね返り方は物体によってさまざまである．大きく跳ね返ることも，逆の極端なケースとしてはくっついてしまうこともあるだろう．しかしいずれにしろ，左右，どちらも同じ速さで跳ね返る（くっついたとすればそれは止まっている）と想像される．衝突前は左右対称なのだから，衝突後に左右に差が出る理由が考えられないからである．

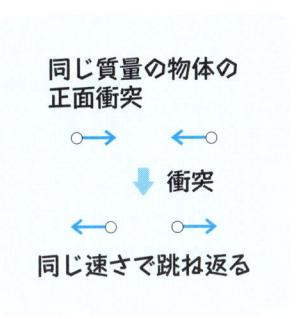

このことを，より厳密に説明するには，作用・反作用の法則を考えればよい．右側の物体が左側の物体に F という力を及ぼすとすれば，左側の物体は右側の物体に $-F$ という力を及ぼす．つまり相手に与える影響は，左右をひっくり返したこと以外は完全に同じなので，結果も左右をひっくり返したものになっていなければならない．

では，衝突する物体の質量が違っていたら，衝突後の速さについて，作用・反作用の法則から何が言えるだろうか．まず，運動方程式から考えてみよう．

運動方程式は（加速度とは速度の変化率だから）

$$\text{質量} \times \text{速度の変化率} = \text{力}$$

と書ける．ここで，**運動量**という量（p と書く）を次のように定義しよう．

> 運動量 ＝ 質量 × 速度　　すなわち　　$p \equiv mv$

速度は方向をもつ量だから，運動量にも方向があることに注意．一直線上の運動であっても，速度の方向によって運動量の符号が変わる．運動量を使うと運動方程式は

$$\text{運動量の変化率} = \text{力}$$

となる（質量は一定なのだから，運動量の変化 ＝ 質量 × 速度の変化）．

3.6 万有引力とそのエネルギー

最初の位置を位置エネルギーの基準点（位置エネルギーがゼロになる点）としよう．万有引力の場合には，それは無限の彼方（無限遠）とするのが習慣である．無限に離れれば万有引力は働かないので，そこでの万有引力によるエネルギーをゼロとするのは自然な考え方である．

万有引力の発生源（何らかの天体，質量 M）は原点にあるとする．質量 m の物体を，無限遠から，原点から r の位置まで，ゆっくりと動かすことを考える．

> **物体 m を $r' = \infty$ から r までゆっくりと運ぶ**
>
> M は $r=0$，物体 m は r' にあり，F_0 は外向き．
>
> 外向きの力 F_0 をかけて，物体（m）が加速されないようにする．力と変位の方向が逆なので仕事 < 0．

途中の位置 r' まできたとき，（万有引力は内向きだから）必要な力 F_0 は外向きであり，その大きさは万有引力と同じで

$$F_0 = G\frac{Mm}{r'^2}$$

である．r' を微小距離 $\Delta r'$ だけ減らしたときの仕事は

$$-F_0 \cdot \Delta r'$$

である．変位は内向きで力とは逆方向なのでマイナスを付けた．これを $r' = \infty$ から $r' = r$ まで足し合わせればよい．これは F_0 のグラフの，r から ∞ までの面積にマイナスを掛けたものに等しい．

面積は，積分公式 $\int \frac{1}{r^2}dr = -\frac{1}{r}$ を使って得られ

$$\text{仕事} = -\int_r^\infty F_0 dr' = -G\frac{Mm}{r} \quad (2)$$

となる．これが r での**万有引力の位置エネルギー**になる（電気エネルギーの計算 (6.3 項式 (1)) も参照）．

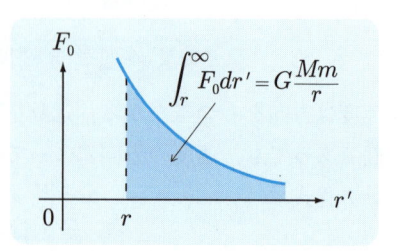

$$\int_r^\infty F_0 dr' = G\frac{Mm}{r}$$

第4章

熱・エネルギー・エントロピー

　物体の，個々の原子の運動や化学結合によるエネルギーを総称して内部エネルギーという．内部エネルギーは仕事によっても，また熱の伝達によっても変化し，その変化の量は熱力学第1法則によって決まる．しかし熱は低温側から高温側には伝達しないなどといった現象はこの法則では説明できない．このような不可逆過程は，物質が無数の原子の集団であることを使って確率的に説明される．そこで登場するのが熱力学第2法則／エントロピー非減少則である．

内部エネルギー
熱
熱力学第1法則
温度と熱平衡
理想気体の状態方程式
理想気体の内部エネルギー
不可逆過程と熱力学第2法則
粒子の分配
粒子数が膨大なときの確率分布
微視的状態数
エントロピーと温度
エントロピーの応用

4.1 内部エネルギー

3.3項の課題2でも示したように，摩擦力が働くと物体の力学的エネルギーは減る．では減ったエネルギーはどこにいってしまうのだろうか．

摩擦があると接触面は熱くなる．これは，何らかのエネルギーが増えているとみなせるのではないだろうか．実際，物体は原子の集団である．それらは物体の中で運動している．原子が広い範囲を動きまわる場合（容器の中に入った気体や液体の場合）も，狭い範囲で細かく動いている場合（固体の場合）もあるが，いずれにしろ，物体全体としては静止していても原子レベルでは運動エネルギーはゼロではない．また原子は互いに影響を与えあっているので，原子間の位置エネルギーもある．そして物体が熱くなるとは，それらが大きくなることに対応する．

そこで，物体の全エネルギー（E）を，前章で考えたような，物体を一体のものとみなしたときの力学的エネルギーと，内部での原子・分子の振舞いに起因するエネルギーとに分けて考える．そして後者を**内部エネルギー**（U）と呼ぶ．つまり

$$
\begin{aligned}
&\text{物体の全エネルギー} \\
&= \text{物体全体としての運動エネルギー} \\
&\quad + \text{物体全体としての位置エネルギー} \\
&\quad + \text{物体の内部エネルギー}
\end{aligned}
\tag{1}
$$

とする．内部エネルギーは，物体全体の速度や位置とは無関係に，たとえばそれがどれだけ熱くなっているか，あるいは原子・分子がどれだけ密集しているかといったことで決まる量である．

内部エネルギーはよく熱エネルギーとも呼ばれる．確かに，物体が熱ければ原子・分子が活発に動いており，内部エネルギーは大きい．しかし内部エネルギーは原子・分子間の結合の強さにも関係しており，熱さだけで決まる量ではない．また次項で説明するように，物理学では「熱」という用語は，内部エネルギーとは違う，ある決まった意味で使われる．中高の教科書では熱エネルギーという言葉が使われているが，物理学での正式な用語ではなく，この本でも使わない．

4.1 内部エネルギー

内部エネルギーに対する仕事－気体の圧縮　前章で考えた仕事とは，物体全体としてのエネルギー（つまり力学的エネルギー）を変えるものだった．しかし内部エネルギー（だけ）を変える仕事というものもある．その典型的なものが気体の圧縮である．

気体が容器の中に入っている．この気体全体を1つの物体とみなそう．容器の左側の壁は左右に移動することができるとする．この壁を右に動かして気体を圧縮する．話を簡単にするために，壁自体のエネルギーは一定だとする．

壁の移動距離を Δx としよう（一般に，何か変数 X があるとき，その変化を ΔX と書く．壁の位置座標を x とすれば，壁の移動距離は Δx と書ける）．また，気体の体積を V，体積の変化を ΔV と記す．圧縮の場合は気体の体積は減るのだから $\Delta V < 0$ であり，壁の面積を S とすれば

$$\Delta V = -S \Delta x \quad \Rightarrow \quad \Delta x = -\frac{\Delta V}{S}$$

壁が気体を押す力を F とすると，壁が気体に対して行った仕事は

$$\text{仕事} = \underset{(力)}{F} \times \underset{(距離)}{\Delta x} = -\frac{F}{S}\Delta V \quad (2)$$

と書ける．上図の場合は $\Delta V < 0$ だから仕事はプラスである．

プラスの仕事を受けた気体は，その内部エネルギーが増加するはずである．それは下図のように理解できる．動いている壁に衝突した分子は，それだけ激しくはね返る．その結果，気体中の分子の運動が活発になり，内部エネルギーが増すことになる（温度が上がる）．

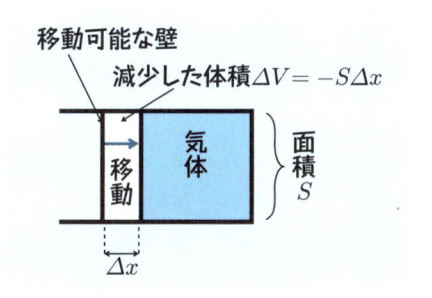

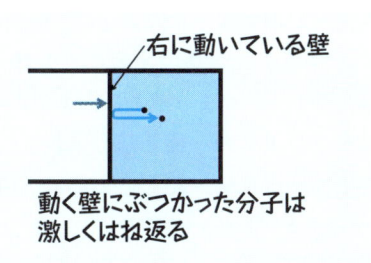

体積を変えない仕事－撹拌，摩擦　体積を変えない仕事もある．たとえば気体や液体を棒でかき混ぜれば，棒の動きにつられて原子・分子の動きが激しくなり，その結果として内部エネルギーが増える（温度が上がる）．このような操作を**撹拌**という．また，固い物質ならば，こすり合わせて熱くすることもできる．**摩擦**である．

4.2 熱

仕事は力を加えることにより物体のエネルギーを変えるプロセスである．しかし力を加えなくても内部エネルギーを変えることができる．

たとえば高温の物体と低温の物体を接触させたとしよう．すると，高温物体の温度は下がり，低温物体の温度は上がって，両者は同じ温度になる．そもそも温度とは何か，温度と内部エネルギーの間の関係は，といった問題はこれから説明していかなければならないが，少なくとも，高温物体の内部エネルギーが減り，低温物体の内部エネルギーが増えたことは間違いがない．

熱 = 内部エネルギーの移動　熱い物体と冷たい物体の違いは，物体内部の原子・分子の動きの違いである．熱い物体では，それらは活発に動いている．温度が違う水を混ぜると，分子は互いに頻繁に衝突し，動きが不活発であった冷たい水の分子も活発に動き出し，平均として全体が同じように運動するようになる．

物質を混ぜたりせず，単に接触させた場合でも，接触面で原子・分子の衝突が起こり，同じことが起こる．また高温側から赤外線が発せられ低温側で吸収されるという間接的な接触もある．いずれにしろ高温物体の原子・分子のエネルギーが減り，低温物体の原子・分子のエネルギーが増える．このように，接触によってエネルギーが移動することを熱（の伝達）という．つまり熱とは，エネルギーの移動プロセスの一種として定義される．

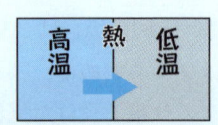

力学ではエネルギー保存則（3.1項）というものがあった．たとえば落下運動の例では，運動エネルギーと，重力による位置エネルギーの和は一定であった．そこで，内部エネルギーについてもエネルギー保存則が成り立つと考え，2つの物体の接触における熱の伝達においては，「一方での内部エネルギーの増加と，他方での内部エネルギーの減少は等しい」という考え方が19世紀に登場した．

といっても，各温度で物質はどれだけの内部エネルギーをもっているかという知識はもっていなかった．そこで1つの仮定として

「物質の内部エネルギーは，温度が1度上がるごとに同じ量だけ増える（これを**熱容量**という…次項参照）．その量は物質ごとに異なるが，同じ物質だったら，物質量（質量あるいは体積）に比例する．」
という考え方が採用された．その後，「温度が1度上がるごとに同じ量だけ増える」という仮定は厳密には成立しないことがわかったが，この考え方は近似的には正しく，それを前提として次の問題を考えてみよう．

課題1 温度 20 °C の水 1 kg（約 1 L（リットル）= 1000 cm^3）と，50 °C の水 500 g を混ぜた．水は何度になったか．ただしこの操作は，熱を外部に伝えにくい容器の中で，撹拌はせずに素早く行ったものとする．

考え方 撹拌しないということは，この水に仕事はしていないということである．つまり仕事による内部エネルギーの変化は考えない．

解答 20 °C を基準に考えれば，それより 30 度熱い水が 500 g ある．混ぜた場合，その 30 度分の内部エネルギーを，3 倍の合計 1500 g の水で分けるのだから，500 g 当たりでは 10 度分になる．つまり混ぜた後の水の温度は，20 °C に 10 度を加えて 30 °C になる．

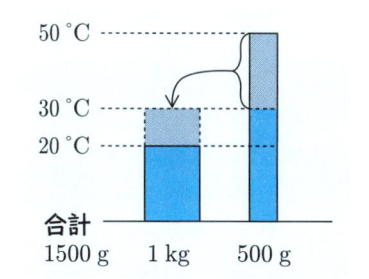

注 温度変化の単位は（しばらくは）「度」で表す． ○

上の例は混ぜるものがどちらも水だったので話は簡単だった．では，たとえば熱い鉄を水の中に入れた場合にはどうなるだろうか．

課題2 100 °C に熱した 1 kg の鉄を，20 °C の水 1 kg の中に入れたところ，全体が 28 °C になった．同じ質量の鉄と水を 1 度だけ上下させるのに必要なエネルギーの比を求めよ．

解答 1 kg の鉄が 72 度下がったとき，1 kg の水が 8 度上昇した．つまり 1 度上下させるとき，水では鉄に比べて $\frac{72}{8} = 9$ 倍のエネルギーが出入りする．

4.3 熱力学第1法則

エネルギーを変える手段として，仕事と熱という，2つのプロセスを説明した．そのことを式に書けば

> 物体の全エネルギーの増加
> ＝外力が物体に対して行った仕事＋外部から伝わった熱 (1)

となる（**外力**とは物体が外部から受けた力のこと）．左辺は「増加」と書いたが，「増加の場合をプラス」とするということである．「減少のときはマイナスの増加」とする．この式を**熱力学第1法則**という．全エネルギーは力学的エネルギーも内部エネルギーも含むが（4.1 項式 (1)），力学的エネルギーが一定の場合は左辺は「内部エネルギーの増加」となる．

この式で重要なことは，たとえば仕事によって物体の温度を1度上げたとしても（たとえば水を撹拌して温度を上げる），あるいは高温物体を接触させることによって温度を1度上げたとしても，結果に違いはないということである．熱や仕事というものがその物体にたまったわけではなく，どちらも1度分だけ内部エネルギーが増えたのである．

このことは，どれだけの熱が，どれだけの仕事と同等かという比較ができることを意味する．右ページで，19世紀に最初にこの比較を行ったジュールの実験を紹介するが，比較のためにはまず，そもそも熱や仕事の量をどのように表現するか，単位は何かということを説明しておかなければならない．

熱の単位　一定量の物体の温度を1度上げるのに必要な熱の大きさが，その物体の**熱容量**である．熱と仕事の対応関係がわかっていれば，熱容量の単位は仕事の単位を使うことができ，実際，現在ではそれが国際的な標準である．しかしここではまず，熱独自の単位である cal（カロリー）から紹介しよう．

大雑把にいえば，水1gを1度上げるのに必要な熱を1calという．厳密なことをいうと，たとえば20℃の水を1度上げるのに必要な熱と，90℃の水を1度上げるのに必要な熱は，ごくわずか（0.1％未満）に違い，そのこともあって cal の定義も1つではないが，以下ではその程度のことは問題にしない．

1gの物体を1度だけ上げるのに必要な熱を特に，その物体の**比熱**という．こ

4.3 熱力学第 1 法則

れは 1 g 当たりの熱容量である．したがって水の比熱は

$$水の比熱 = 1\,\mathrm{cal/度 \cdot g}$$

である（1 度当たり 1 g 当たり 1 cal 必要だということ）．また前項の課題 2 から

$$鉄の比熱 = 1\,\mathrm{cal/度 \cdot g} \times \frac{1}{9} \fallingdotseq 0.11\,\mathrm{cal/度 \cdot g}$$

仕事の単位 仕事はエネルギーの変化を表す量なので，仕事には力学的エネルギーの単位（SI 単位系では J（ジュール））が使える．また仕事は力 × 移動距離なので，それぞれの単位，つまり N（ニュートン）と m（メートル）を掛けてもよい．あるいは kg, m, s（秒）に分解することもでき

$$1\,\mathrm{J} = 1\,\mathrm{N\,m} = 1\,\mathrm{kg\,m^2/s^2}$$

そして 1 cal が約 4.2 J に相当することを確かめたのがジュールの実験である．

ジュールの実験 ジュールはいくつかの実験を行っているが，その中でも特に有名なのが，水を羽根車で撹拌して温度上昇を測るという実験である．

実験装置を模式的に描くと右図のようになる．図の右にあるおもりがゆっくりと落下するにつれて，それとつながっている羽根車が水を撹拌する．重力がおもりに対して行った仕事が，羽根車を通して水の温度上昇を引き起こす．

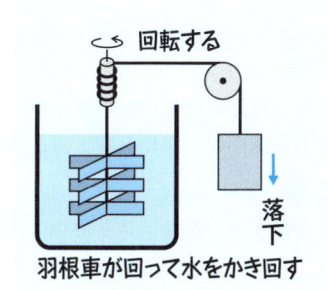

課題 上図の実験で，水の質量が 6 kg，おもり（鉛）が 26 kg, 1.6 m の落下を 20 回繰り返したとする．1 cal が 4.2 J に相当するとすれば水の温度は何度上昇したか（これらはジュールが行った実験にほぼ相当する数値である）．

解答 重力（Mg）が行った仕事は，重力加速度 g を $9.8\,\mathrm{m/s^2}$ とすれば

$$Mg \times 移動距離 = 26\,\mathrm{kg} \times 9.8\,\mathrm{m/s^2} \times 1.6\,\mathrm{m} \times 20 \fallingdotseq 8154\,\mathrm{J}$$

これを cal に換算する（4.2 で割る）と 1941 cal．したがって水 1 g 当たりでは

$$1941\,\mathrm{cal} \div (6 \times 10^3\,\mathrm{g}) \fallingdotseq 0.32\,\mathrm{cal/g}$$

したがって水は 0.32 度上昇する．

4.2 J/cal という値を**熱の仕事当量**（とうりょう）という（1 cal が 4.2 J に相当するということ）．厳密には cal の定義に応じて，さらに精密な値が決められている．

4.4 温度と熱平衡

温度が高い物体の内部エネルギーは大きい．では，温度と内部エネルギーは同じものなのか．

この2つの量には密接な関係があるが，大きな違いもある．たとえば50°Cの水1 kgを2つ用意して一緒にしたとしよう．すると内部エネルギーは2倍になる．しかし温度は変わらず50°Cのままである．50°Cの水を2つ混ぜたからといって，100°Cになって沸騰するわけはない．

大雑把にいえば，温度とは，「分子あるいは原子1つ当たりがもつエネルギー」で決まる量である．1つ当たりの量なのだから，いくら全体の分量を増やしても温度は変わらない．また，同じ温度でも物質が違えば原子・分子1つがもつエネルギーは異なる．

注 原子・分子は絶えず衝突してエネルギーを交換し合っており，エネルギーの大きさは絶えず変わっている．ここでいう原子・分子1つ当たりがもつエネルギーとは，ある時間間隔で平均したときの値である． ○

注 原子はいくつかまとまって分子として振る舞っている場合と，そうでない場合とがある．一般に気体や液体では分子として振る舞い，固体ではそうではないことが多い．そこでここでは，「原子・分子」あるいは「原子あるいは分子」という言い方を使う． ○

では，どのような場合に，2つの物体の温度が同じといえるのだろうか．温度計で測って同じ結果が出れば，我々は温度が同じだというが，そもそも温度計で測るということはどういうことかを考えてみよう．

たとえば水の温度をアルコール温度計で測る場合，温度計のガラス容器（の原子）を通して間接的に水の分子とアルコール分子が接触し，熱という形での内部エネルギーの移動が起こる．その結果としてのアルコールの膨張・収縮を温度計で見ているわけである．熱の伝達があれば水の内部エネルギーも変化するが，水の量のほうが圧倒的に多いので水分子1つ当たりの平均的なエネルギーはほとんど変化しないとの前提での話である．

一般に，2つの物体を接触させると，各物体の原子・分子の平均的エネルギー

4.4 温度と熱平衡

がある比率になったとき，内部エネルギーの移動が止まる．このとき，この2つの物体が**熱平衡**にあるという．温度計で物体の温度を測るとは，温度計と物体を熱平衡にし，そのときの温度計の状態を見るということである．

熱力学第0法則 ここで，当たり前にも思えるがよく考えると不思議なことを指摘しておこう．3つの物体 A, B, C があり，A と B を接触させても，B と C を接触させても熱は伝わらない，つまり熱平衡であったとしよう．そのとき，A と C を接触させても熱は伝わらない．A と C も熱平衡である．

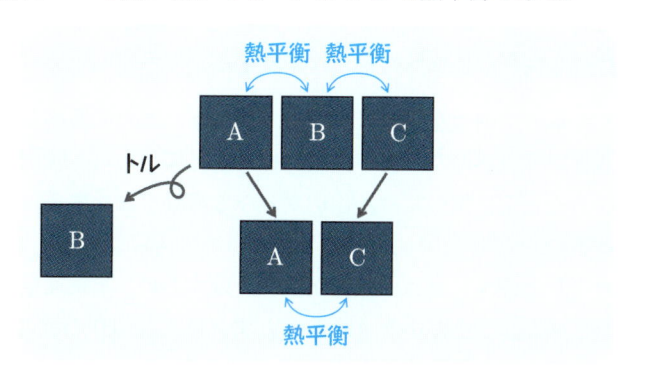

温度計で物体の温度が決められるというのも，この事実があるからである．温度計で測って水と油がどちらも 50 °C だったら，その水と油を直接接触させても熱の伝達は起こらない．だからこそ，温度という量に意味がある．

このような温度の性質を**熱力学第0法則**といい，熱力学の範囲では理由はわからないが，自然界で実際に成立している性質である．しかし 4.11 項で，統計力学的に温度を定義すると，そのもっともらしさがわかってくる．

平衡状態 熱平衡とは2つの物体の温度が等しくなった状態だが，1つの物体のすべての部分が同じ温度であるためには，物体内部の各部分が互いに熱平衡になっていなければならない．たとえば気体や液体を撹拌している最中は，場所によって温度が違うかもしれない．また，どこか1カ所だけ熱していれば，そこが特に高温になる．撹拌や加熱を止めて一定の時間が経過し，全体が熱平衡になり落ち着いた状態を**平衡状態**と呼ぶ．熱力学で扱う状態とは基本的に平衡状態である（考えているプロセスの途中で，平衡が乱された状態を経過することはしばしばあるが）．

4.5 理想気体の状態方程式

気体については，以前から下記の2つの法則が経験上の事実として知られていた（ただし厳密に成り立つわけではなく，希薄であるほど正しい．これらの法則が厳密に成り立つ仮想上の気体を**理想気体**と呼ぶ）．

ボイルの法則：温度が一定のとき，圧力と体積は反比例する．

シャルルの法則（あるいはシャルル-ゲーリュサックの法則）：圧力が一定のとき，体積は温度変化に比例した量だけ増減する．

まず，シャルルの法則の意味から説明しておこう．温めて温度を上げると気体は膨張するという当然のことだが，圧力を一定に保つという状況を考えている．気体の圧力を一定に保つには，仕切りとなる移動可能な壁を，一定の力で押しておけばよい．

気体の圧力（Pと記す）とは，気体が壁に及ぼす力の，単位面積当たりの大きさである（下図左）．仕切りの面積をSとすれば，仕切りの壁は大きさPSの力を受ける．それが，外から加える力Fとつり合っていれば

$$PS = F$$

したがってFが一定ならば$P\left(=\dfrac{F}{S}\right)$も一定に保たれる．または下図右のように，自由に動く容器のふたにおもりを載せて，一定の力を気体に与えてもよい．

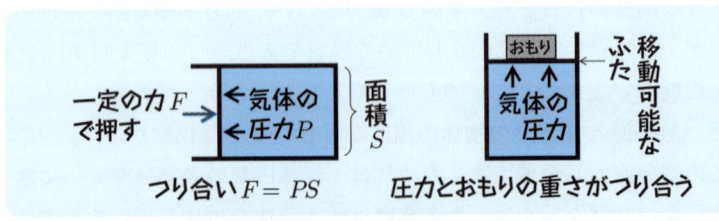

一定の力Fで押す → ←気体の圧力P 面積S つり合い$F = PS$

おもり ↑↑気体の圧力 移動可能なふた 圧力とおもりの重さがつり合う

このようなPが一定の状況で気体を温めたり冷やしたりすると，体積は温度の変化に比例した量だけ増減するというのがシャルルの法則である．つまり横軸が温度，縦軸が体積のグラフにすると直線になる（右ページの図）．

冷やしていくと気体はある温度で液体になる（液化）．しかし仮に気体状態がずっと続くとしてグラフを左へ延ばすと，ある温度で体積はゼロになる．こうなる温度は（理想気体と近似するならば）どの気体でも同じであり，図に示

4.5 理想気体の状態方程式

したように $-273.15\,°\mathrm{C}$ である．この温度のことを**絶対零度**と呼ぶ．これ以上低い温度は考えられないという意味である．極低温で物体内の分子の動きがすべて止まった状態と考えればよい．

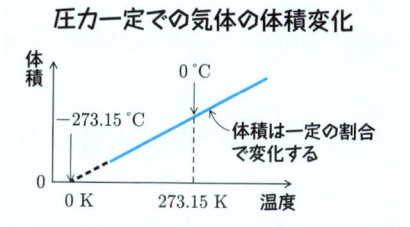

圧力一定での気体の体積変化

絶対零度を0とし，摂氏（°C）と同じ間隔で目盛りを決めた温度を**絶対温度**といい，単位はK（ケルヴィン）で表す．

$$\text{絶対温度 (K)} = \text{摂氏温度(°C)} + 273.15$$

たとえば $0\,°\mathrm{C}$ は $273.15\,\mathrm{K}$ である．以下，単に温度といえば絶対温度を意味する．また，これまで温度差は度で表したが，以後Kで表すことにする．

シャルルの法則が成り立てば，気体の体積 V は絶対温度（T と記す）に比例する．またボイルの法則によれば体積は圧力 P に反比例する．また，体積は分子数（N と記す）にも比例するだろう（温度や圧力が同じでも分子数が2倍になれば体積も2倍になる）．したがって何らかの定数 k を使って

$$V = \frac{kNT}{P} \tag{1}$$

と書けるだろう．これを**理想気体の状態方程式**と呼ぶ．気体の状態を表す量（体積，温度，圧力）の間の関係式という意味である（比例係数 k はボルツマン定数と呼ばれ，k_B と書くこともある）．

式 (1) では分子数によって気体の量（**物質量**という）を表したが

$$\text{アボガドロ数：} \quad N_\mathrm{A} = 6.022\cdots \times 10^{23}$$

という数（水素1g中の水素原子数にほぼ等しい）の何倍かということで気体の量を表すこともある．それを**モル数**といい，ここでは m と記す．

$$\text{モル数：} \quad m \equiv \frac{N}{N_\mathrm{A}} (= \text{粒子数} \div \text{アボガドロ数})$$

これを使って式 (1) を書き換えると，$kN = m(N_\mathrm{A}k)$ より

$$VP = mRT \quad \text{ただし} \quad R = N_\mathrm{A}k = 8.315\cdots \mathrm{J/K\cdot モル} \tag{2}$$

となる．R を**気体定数**という（R の値から k の値もわかる）．

4.6 理想気体の内部エネルギー

内部エネルギーと体積 2つの容器が，栓が付いた管でつながっている．最初は栓を閉じ，片方の容器に気体を入れ，他方の容器は真空にする．栓を開けると気体は両方の容器に広がるが，気体の温度は変化しない（ただし厳密な話ではない．以下の話も参照）．

これもジュールによって初めて行われた実験である．このプロセスで，気体は外部から仕事も熱も受けていない（このような膨張を**自由膨張**という）．したがって内部エネルギーは変化していない．つまりこの実験は，気体の温度は体積には無関係で，内部エネルギーのみで決まることを示している．逆にいえば，内部エネルギーは温度で決まり，体積には依存しないということである．

理想気体とは 気体の内部エネルギーが体積に依存しないという法則は，前項のボイルの法則，シャルルの法則と同じく厳密には成り立たない．少し難しい話になるが，もしボイルの法則，シャルルの法則が厳密に成り立っていれば，つまり理想気体ならば，内部エネルギーが温度だけで決まることが証明できる．

内部エネルギーが体積に依存しないということは，分子間の距離が変わっても内部エネルギーは変わらないことを意味する．これは気体内では分子はほとんど力を及ぼし合わず，自由に動き回っているということである．もし分子間に働く力が無視できなければ，その力により分子間の距離に依存する位置エネルギーが生じるので，内部エネルギーに変化が生じたはずだからである．

つまり理想気体とは，分子が互いに影響を与え合わずに自由に動き回っている気体である．実際の気体も希薄ならば，ほぼ理想気体であると考えてよい．

気体のモル比熱 では，温度を変えると内部エネルギーはどのように変わるだろうか．それを実験によって調べるには，気体の比熱を測定すればよい．

物質1gを1K（1度）上げるのに必要な熱が比熱である．しかし（すぐにわかるように）同じ質量で比較するのではなく，原子・分子数を同じにして比較したほうが意味がある．そこで1モルの気体の温度を1Kだけ上げるのに必要な熱を考えよう．これを（定積）**モル比熱**という．定積とは体積を一定に保つという意味である．体積を増やして圧力を一定に保つ定圧モル比熱という量もあるが，体積が変化すると熱ばかりでなく仕事が関係してしまうので，定積モ

4.6 理想気体の内部エネルギー

ル比熱の場合のほうが基本的な量である．

熱を cal の単位で表せばモル比熱の単位は cal/K・モルである．しかし熱はエネルギーの単位 J で表せることがわかったので（4.3 項），モル比熱は SI 単位系では J/K・モルを単位として表すことになる．これは前項で導入した気体定数 R を示すのに使った単位（前項式 (3)）と同じなので，以下では R の何倍かということでモル比熱を表す．

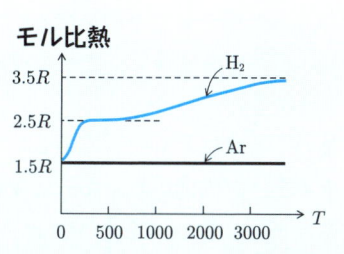

H$_2$ と Ar のモル比熱の変化（1000 K 以上は少し縮めて描かれている）

上のグラフは，アルゴンと水素のモル比熱の温度依存性の概略図である．アルゴンは**単原子分子**である．つまり原子が一つ一つ単独で動き回っている（ヘリウムやネオンも同様）．一方，水素は H$_2$ だから **2 原子分子**という．それぞれのモル比熱の特徴は

アルゴン：すべての温度で $1.5R$

水素分子：極低温で $1.5R$ だがすぐに $2.5R$ に上昇し，さらに $3.5R$ に向けて増加する．

この結果は，各分子がもつ運動の**自由度**ということから説明される．温度を上げるには各分子の運動を激しくしなければならないが，分子のタイプごとに運動の種類の数（運動の自由度）が違う．単原子分子理想気体の場合，各分子には空間内を動くという運動（**並進運動**という）があるが，それには x, y, z の独立した 3 つの方向ある．その 3 つの自由度が $\frac{R}{2}$ ずつ比熱に寄与すると考えれば，アルゴンの $\frac{R}{2} \times 3 = 1.5R$ という結果は説明できる．

2 原子分子理想気体の場合，3 つの並進運動の他に，分子の**回転**，および**振動**（原子間の距離の伸縮）という運動がある．水素分子では 100 K 前後から 2 種類の回転運動の効果が現れ始め，振動は 1000 K 以上の高温で現れると考えれば上のグラフが理解できる．

4.7 不可逆過程と熱力学第2法則

これまでは，エネルギーを中心に話をしてきた．しかしエネルギーという視点からは理解できない現象もたくさんある．

たとえば物体を床に落とすと，跳ね返ることもあるが，結局は床の上で静止するだろう．落ちる直前にその物体がもっている運動エネルギーは，物体や床の内部エネルギーに変わる（温度上昇などの形で）．では，床に落ちている物体が，自身や周囲の内部エネルギーを使い，それを運動エネルギーに変えて突然飛び上がるということがあるだろうか．

そんなことがありえないことは誰でも知っているだろうが，なぜありえないのだろうか．力学的エネルギーが内部エネルギーに変わるのならば，なぜ内部エネルギーが力学的エネルギーに変わってはいけないのだろうか．

注意深く見ると，自然界の現象には，ある方向には進むがその逆は起こらないという現象が，他にも無数にあることがわかる．たとえば，

(A) **熱の伝達**：高温物体と低温物体を接触させる．そのとき，熱は高温側から低温側に伝達するが，その逆は起こらない．

(B) **拡散**：気体の入った容器の中央に仕切りを入れ，空気ポンプなどを使って片方から他方へ気体を移動させる．つまり一方を高圧，他方を低圧にする．そして仕切りを取り除く．すると空気の分子は自然に高圧側から低圧側に移動し，全体が一様になるだろう．このような現象を拡散という．逆に，何もしないのに部屋の空気分子が突然，移動し始め，一方が高圧，他方が低圧になるということはない．拡散は気体に限らない．たとえば水に，色の付いた液体をたらすと広がっていくのも拡散である．逆に，何もしないのに，いったん混ぜた液体が自然に分離してどこかに集まっていくなどということはありえない．

このような現象を一般に**不可逆過程**という．

永久機関 内部エネルギーが力学的エネルギーに変わって物体が突然，動き出すことはないという話をしたが，内部エネルギーは絶対に力学的エネルギーに変わらない，ということではない．実際，動力とは，燃料を燃やして物体を動かしているのだから，まさに内部エネルギーの力学的エネルギーへの転換であ

4.7 不可逆過程と熱力学第2法則

る．たとえば燃料を燃やして気体を膨張させ物体を持ち上げれば，その物体の力学的エネルギーが増える．ただ，この現象が，物体が突然飛び上がるという話と違うのは，ここでは気体の膨張という変化が伴っていることである．

エネルギーの転換ということに対する関心は，**永久機関**の存在という問題と結びついている．永久機関とは，何も燃料を使わずに永久に動き続ける動力源のことだが，そんなうまい話がありうるだろうか．

エンジンなどの動力装置は，自身は同じ運動を繰り返しながら外部に仕事をする装置である．繰り返しの運動を1回した後は自身は元の状態に戻るのだから（つまり上の気体の膨張の話とは違う），そのときは，熱力学第1法則の式（4.3項式(1)）の左辺はゼロである．しがたって右辺もゼロ，つまり

（動力装置に）外部から与えられる仕事 + 外部から与えられる熱 = 0

となる．この式で，装置から外部に与える仕事（および熱）はマイナスとして勘定する．つまり動力装置が外部に仕事を与え続けるには，外部から仕事または熱をもらい続けなければならない．つまり何もエネルギーを取り入れずに外部にエネルギーを与え続けることはできない．**第1種永久機関**とは，そのようなことができるという虫のいい（仮想上の）装置のことだが，熱力学第1法則より，そのような装置はありえないことが示された．

しかし，周囲から熱をもらい続けて，その代わりに外部に仕事を与え続ける動力装置はできないだろうか．この自然界のすべてのものは（絶対零度ではない限り）内部エネルギーをもっている．たとえば海水でもよい．海水のもつ内部エネルギーを熱として受け取り，永久に動き続ける動力装置が作れれば，人類は永遠にエネルギーについて悩む必要はない．そのようなことができる虫のいい装置を**第2種永久機関**と呼ぶ．しかしすでに述べたように，(何も他の変化を残さずに) 内部エネルギーを力学的エネルギーに変換することはできないということが一般的に成り立つとすれば，第2種の永久機関もありえない．

熱力学第2法則 （何も他の変化を残さずに）内部エネルギーを力学的エネルギーに変換することはできない，あるいは熱は低温物体から高温物体に（他に何もせずには）伝わらない，あるいは拡散の逆過程は起こらないということを，一般に**熱力学第2法則**という．詳しい議論は省略するが，そのいずれかが第2法則だといってもよく，そのうちの1つを認めれば他のことを導くこともできる．しかしそもそもこのような法則はなぜ成り立つのだろうか．その根本的な原因はどこにあるのだろうか．

4.8 粒子の分配

不可逆過程は，無数の粒子が関係するプロセスで起こる．そのことを一番わかりやすく説明できるのが気体の拡散である．

容器の中に粒子が1つだけあるとする．それは容器の中を自由に，そしてでたらめに動き回っており，各時刻で容器の左半分にあるか右半分にあるか，まったくわからない．しかし，左右どちらにあるか，その確率は $\frac{1}{2}$ ずつだったとしよう．

一般に確率の計算は**場合の数**を数えることによって行われる．粒子1つのときは，「左側にある」，「右側にある」という2つの場合があり，それらが同じように出現するので，それぞれは $\frac{1}{2}$ ずつの確率である．

次に，このような粒子が2つあったとしよう（下図参照）．どちらもでたらめに動き回っている．また，2粒子は力を及ぼしあっておらず，相手の動きに何の影響も与えないとする．理想気体の分子のような状況である．

この2粒子は，どちらも左側にある状態，どちらも右側にある状態，そして左右に1つずつ分かれる状態の3通りの可能性があるが，どれもが同じように出現するわけではない．1つずつ分かれるときは，1番目の粒子が左側にある場合と，2番目の粒子が左側にある場合があるからである．このとき，場合の数が2であるという．このように全部で4通りの場合に分けて考えると，それぞれが同じように出現しうるので，確率がえられる．それぞれの場合の数を全体の数（ここでは4）で割ったものが確率である．1つずつに分かれるケースがもっとも確率が大きいが，圧倒的に大きいわけではない．片側にかたよる可能性も大いにある．

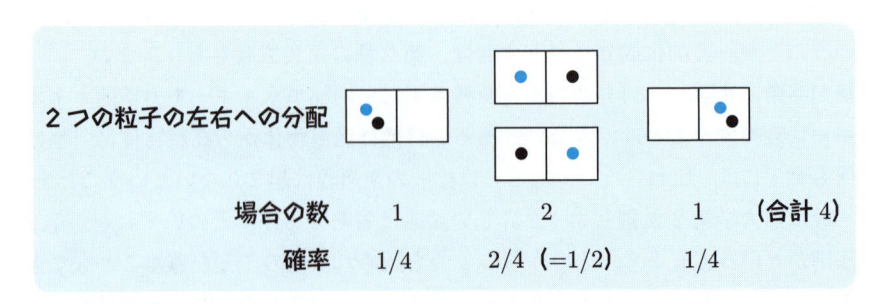

2つの粒子の左右への分配

場合の数	1	2	1 （合計4）
確率	1/4	2/4 (=1/2)	1/4

4.8 粒子の分配

次に，このような粒子が N 個あったとする．n 個が左側，残りが右側にあるという状態の場合の数を勘定しよう．まず，左側には1つもない（$n=0$）という場合の数は1である．次に，左側に1つだけある（$n=1$）という状態は，その1つは N 個の粒子のうちのどれでもかまわないので，N 通りの場合がある．つまり場合の数は N である．

一般の，左側 n 個という状態に対する場合の数は，N 個のうちから n 個を選び出す場合の数を勘定すればよく，数学ではそれを $_N\mathrm{C}_n$ という記号で書く．具体的には

$$_N\mathrm{C}_n = \frac{(N-1)(N-2)\cdots(N-n+1)}{n(n-1)(n-2)\cdots 1} \tag{1}$$

これは階乗 $n!(=n(n-1)(n-2)\cdots 1)$ という記号を使って書くと

$$_N\mathrm{C}_n = \frac{N!}{(N-n)!\,n!} \tag{2}$$

と書ける（$\frac{N!}{(N-n)!}$ が式(1)の分子に相当する）．$n=0$ のときは式(1)は意味をなさないが，階乗という記号は $0!=1$ と定義されており，式(2)のほうを使えばよい．具体的に $N=10$ の場合にいくつか計算すると

$n=0$　（式(2)より）$_{10}\mathrm{C}_0 = \frac{10!}{10!\,0!} = 1$
$n=1$　（以下，式(1)より）$_{10}\mathrm{C}_1 = \frac{10}{1} = 10$
$n=2$　$_{10}\mathrm{C}_2 = \frac{10\cdot 9}{2\cdot 1} = 45$

n が大きくなると急速に大きくなり，たとえば

$n=5$　$_{10}\mathrm{C}_5 = \frac{10\cdot 9\cdot 8\cdot 7\cdot 6}{5\cdot 4\cdot 3\cdot 2\cdot 1} = 252$

n がこれ以上の場合は改めて計算する必要はない．たとえば左側8個，右側2個の状態の場合の数は左側2個，右側8個の状態と同じなので（$_{10}\mathrm{C}_8 = {}_{10}\mathrm{C}_2$）

$n=8$　$n=2$ での結果より 45

これらを表にすると下のようになる．

左側の数	0	1	2	3	4	5	6	7	8	9	10
場合の数	1	10	45	120	210	252	210	120	45	10	1

4.9 粒子数が膨大なときの確率分布

前項では,全粒子数が 2 のケースと 10 のケースで,左右への分かれ方を調べた.それらをグラフにすると下のようになる.

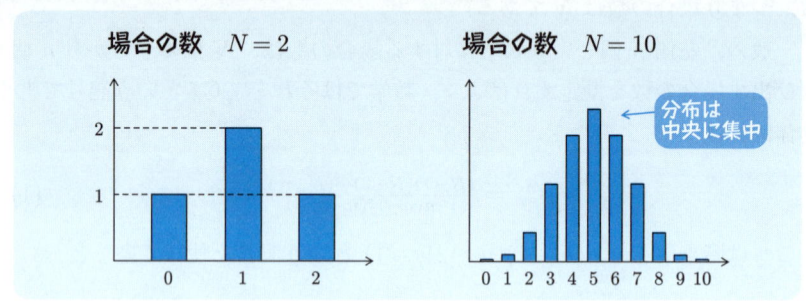

$N = 10$ のほうが,分布が中央に集中している.つまり粒子が左右に均等に分かれる可能性が大きい.N がさらに大きくなればこの傾向はさらに強くなると予想される.

実際の空気では N は 10 の何十乗といった膨大な数である.たとえば常温,1 気圧の気体の場合,$1\,\mathrm{m}^3$ 中の分子数は 10 の 25 乗個の程度.そのようなケースで $_N C_n$ を公式(前項 (2))通りに計算するのは不可能である.そこでスターリングの近似式というものを使って計算するのだが,それでも計算はかなり複雑なので,ここでは結果だけを示そう.

結果を個数 n ではなく割合 r を使って表す.すなわち

$$\underset{\text{(左側にある粒子の割合)}}{r} = \frac{n}{N}$$

左側に粒子がなければ $r = 0$,すべてが左側にあれば $r = 1$ であり,一般の場合,r は 0 と 1 の間の何らかの数である.

そして $P(r)$ を,「左側にある粒子の割合が r になる確率」とすれば

$$P(r) \propto 10^{-aN(r-0.5)^2} \tag{1}$$

である(a は定数で,約 0.87).

式 (1) のグラフは右のページに示すが,特徴は 2 つある.

[1] $r = 0.5$ で最大になる.

[2] $r = 0.5$ からずれると,急速に減少する.

4.9 粒子数が膨大なときの確率分布

解説をしよう．式 (1) で 10 の指数（肩に乗っている部分）にはマイナスが付いている．10^{-x} とは $\frac{1}{10^x}$ ということだから，$x \geqq 0$ ならば $x = 0$ のときに最大になる．$x = 0$ とは $r = 0.5$ のことであり，つまり粒子が半数ずつ，左右に分かれている状態である．

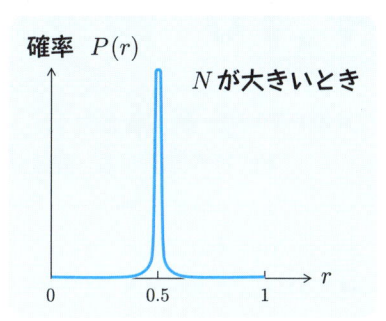

N は，10 の何十乗といった膨大な数だとしよう．それでも r が正確に 0.5 ならば式 (1) の指数は 0 なので，右辺は 1 である（$10^0 = 1$）．しかし r が 0.5 から少しでもずれると指数はすぐに膨大な数になり，$P(r)$ はほとんど 0 になってしまう．つまり，グラフのピークの幅は非常に小さくなるはずである．

ほとんどゼロになるといっても正確にゼロにはならないので，何をピークの幅とみなすかは曖昧である．1 つの目安として，最大値 1 の 10 分の 1 程度になる r を求めてみよう．10^{-x} が 10 分の 1 になるには $x = 1$ になればよい．式 (1) の場合，a はほぼ 1 なので

$$N(r - 0.5)^2 = 1$$

となる r を求めよう．この式を解けば

$$r = 0.5 \pm \frac{1}{\sqrt{N}} \tag{2}$$

である．つまり $P(r)$ のグラフのピークは，$r = 0.5$ の左右に $\frac{1}{\sqrt{N}}$ 程度の幅をもっているということである．

たとえば $N = 10^{24}$ だったら，$\frac{1}{\sqrt{N}} = 10^{-12}$ である．つまり $P(r)$ のピークの幅はほとんどゼロであり，上のグラフはその意味では正しくない．ピークの幅は線の太さよりも狭い．つまり，粒子 1 つずつは勝手に動き回っているにもかかわらず，それらは極めて正確に，左右に半分ずつ分かれるのである．

そして，もし最初はそうなっていなかったとしたら，（極めて短時間で）そのような状態に自然に移行する．これが拡散と呼ばれる現象である．

4.10 微視的状態数

気体の分子は一様に分布する．このように自然界には，膨大な原子・分子が集まったときに初めて現れる法則がある．気体が容器全体に広がろうとする（拡散）のは熱力学第2法則の一つの表現であることはすでに4.7項で説明したが，それが確率の議論で説明できるとしたら，第2法則のその他の表現も同じように確率の議論で説明できないだろうか．

熱の伝達という現象を考えてみよう．2つの物体が接触しているとする．この物体は気体や液体でもよいが，両者を隔てる仕切りがあり物体間で粒子は移動しないとする．しかし境界（仕切りあるいは固体の場合は接触面）を通して熱が伝わる．左側の物体（物体 A）のエネルギーを U_A，右側の物体（物体 B）のエネルギーを U_B とすると，それぞれは変化するが全エネルギーは一定である．

全エネルギー：$U_A + U_B = U_0$（一定）

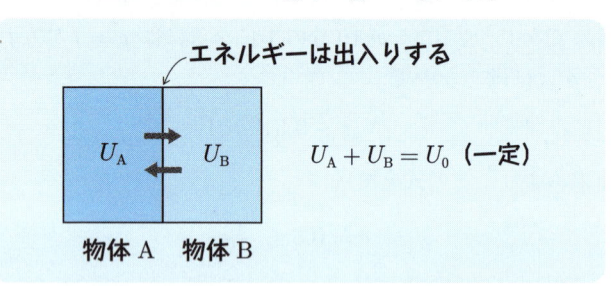

$U_A + U_B = U_0$ **(一定)**

前項までは，気体分子が容器内部を自由に動き回るという前提から話を始めた．ここでは，エネルギーは粒子の間を自由に移動するという前提から話を始める．エネルギーは各物体の中の粒子の間を自由に移動し，また，両物体の境界を通しても熱として自由に伝わるとする．

関心があるのは，全エネルギー U_0 が左右に U_A と U_B ($= U_0 - U_A$)，というように分配される確率である．そしてその確率は，分子数の分配の場合と同様に，「場合の数」に比例すると考える．「確率は場合の数に比例する」，これが統計力学という学問の基本原理である．

注 「場合の数」が確率に比例するというためには，すべての「場合」が同じように実現することが前提となる．これを**等重率の原理**という．この原理は極めて長時間

4.10 微視的状態数

を考えれば証明できるが,各時刻での物体の様子を判断するのに,このような前提で議論してよい理由は,まだよくわかっていない.しかし等重率の原理を使って展開する統計力学が成功したため,そして以下で示すように,統計力学が,熱力学第2法則が成立する理由をうまく説明したため,基本的に正しい原理であると信じられている.
○

　エネルギーの分配を考えるとき,「場合の数」とは, U_A を左側の物体内の粒子で分け合い, U_B を右側の物体内の粒子で分け合う,その分け合い方の総数である.エネルギーは自由に移動できるとしているので,物体Aがもつエネルギーが U_A だとしても,それが物体Aの中でどのように分配されるかはさまざまである.極端なケースとして, U_A すべてが物体A内のある1つの粒子に集中していてもよいし,すべての粒子に均等に分配されていてもよい.また,理想気体でなければ,個々の粒子のエネルギー(運動エネルギーなど)ばかりでなく,互いの間に働く力に起因する位置エネルギーもある.当然,その位置エネルギーへのエネルギーの分配も考えなければならない.

微視的状態数　そのような「場合の数」を具体的に求めるのは一般には難しい.ここでは抽象的に,エネルギーが U_A, U_B と分配されたときの場合の数を,ギリシャ文字 ρ(ロー)を使って $\rho_{AB}(U_A, U_B)$ と書く.このような量を一般に**微視的状態数**と呼ぶ.微視的とは,「ミクロなレベル(原子・分子のレベル)まで詳しく物体の様子を見る」という意味である.つまり,エネルギーが2物体にどのように分配されるかは決まっても,ミクロに見ればさまざまな異なった**微視的状態**があるので,それらを区別して考えるということである.そのような状態の総数が微視的状態数であり,これが上で述べた「場合の数」である.

　等重率の原理を信じれば,エネルギーが2物体A, Bにどのように分配されるか,その確率は微視的状態数 $\rho_{AB}(U_A, U_B)$ に比例する.たとえばA, Bがまったく同一のものだったとしよう.すると,熱が伝わるならば両者の内部エネルギーは等しくなるはずだから, $U_A = U_B = \frac{U_0}{2}$ のときに $\rho_{AB}(U_A, U_B)$ が最大になるだろう.そしてさらにさまざまな状況で計算してみると,前項の分子数の分配と同様に, $U_A = U_B = \frac{U_0}{2}$ からずれたときの $\rho_{AB}(U_A, U_B)$ は急速にゼロに近づくことがわかる.粒子数を N とすれば,エネルギーの比率 $(= \frac{U_A}{U_0})$ の 0.5 からのずれは,たかだか $\frac{1}{\sqrt{N}}$ 程度になる.このように,平衡状態(4.4項)は確率的に決まるというのが統計力学の基本的な考え方である.

4.11 エントロピーと温度

必ずしも同じではない 2 物体が接触しているときの，両者の間でのエネルギーの分配を決める原理について考えよう．前項と同様に，この 2 つの物体を物体 A, 物体 B とし，全エネルギーを U_0，それぞれのエネルギーを U_A, U_B $(= U_0 - U_A)$ と書く．エネルギーのやり取りはあるが，それぞれの体積や粒子数は変わらないとする．物体 A がエネルギー U_A をもつときの微視的状態数を $\rho_A(U_A)$ と記す．$\rho_B(U_B)$ も同様．

両物体の間には，境界を通してエネルギーを伝え合うという関係しかないので，物体 A の微視的状態が何であっても，物体 B の微視的状態が何であるかは影響を受けないとする（U_B が U_A により決まることは別として）．したがって物体 A と B に全エネルギーが (U_A, U_B) のように分配されるときの微視的状態数（つまり前項の $\rho_{AB}(U_A, U_B)$）は，物体 A が U_A をもつときの微視的状態数 $\rho_A(U_A)$ と，物体 B が U_B をもつときの微視的状態数 $\rho_B(U_B)$ の積である．つまり

$$\rho_{AB}(U_A, U_B) = \rho_A(U_A) \times \rho_B(U_B) \tag{1}$$

微視的状態数 $\rho(U)$ は一般に，エネルギー U を増やすと増加する．物体全体のエネルギーが増えれば，それを各粒子に分配する仕方（「場合の数」）も増えるからである．そのため式 (1) で U_A を増やせば ρ_A は急激に増加するが，そのときは逆に $U_B (= U_0 - U_A)$ が減少するので，ρ_B は急激に減少する．したがって $\rho_{AB}(U_A, U_B)$ を最大にするには，U_0 を物体 A と B にうまく分配しなければならない．

ここで，対数を使って式 (1) を最大にするという問題を考えよう．対数関数は単調増加なので，ρ を最大にするためにはその対数を最大にすればよい．また

$$\log \rho_{AB}(U_A, U_B) = \log \rho_A(U_A) + \log \rho_B(U_B) \tag{2}$$

なので，対数は，物体 A と B それぞれについての量の和になっている．

ここで，(統計力学的) **エントロピー**という量 $S(U)$ を定義する．これは実質的に微視的状態数 ρ の対数のことだが，比例係数を掛けて

$$\text{エントロピー：} \quad S(U) \equiv k \log \rho(U) \tag{3}$$

と定義する．k はボルツマン定数（4.5 項）だが，この段階では単に，何らかの

4.11 エントロピーと温度

定数だと考えておけばよい．添え字をつけて $S_A(U_A)$ と書けば，物体 A がエネルギー U_A をもつときのエントロピーという意味である．

エネルギーの A, B への分配を決める条件は $\rho_{AB}(U_A, U_B)$ 最大ということだったが，式 (2) からわかるように，それは $S_A(U_A) + S_B(U_B)$ を最大にする U_A を決めるということである．最大なのだからそこでの微分はゼロであり

$$\frac{d}{dU_A}\{S_A(U_A) + S_B(U_B)\} = 0 \tag{4}$$

となる．しかしこの形のままでは A と B が対等になっていないので，少し書き換える．合成関数の微分公式を使うと

$$\frac{dS_B(U_B)}{dU_A} = \frac{dU_B}{dU_A}\frac{dS_B(U_B)}{dU_B} = -\frac{dS_B(U_B)}{dU_B}$$

($U_B = U_0 - U_A$ なので $\frac{dU_B}{dU_A} = -1$)．これより，式 (4) は次のようになる．

$$\boxed{\frac{dS_A}{dU_A} = \frac{dS_B}{dU_B}} \tag{5}$$

2 つの物体が熱平衡ならばそれぞれの $\frac{dS}{dU}$ は等しいことがわかった．一方 4.4 項では，熱平衡の条件は温度が等しいことであると説明した．もし温度 T が $\frac{dS}{dU}$ という式によって決まる量だとすれば，確率的なエネルギー分配の考え方と，熱力学での熱平衡の原理が一致する．

結局，物体が内部エネルギー U をもっているときの温度を $\frac{dS}{dU}$ によって決めればいい．統計力学では温度 T を，$\frac{dS}{dU}$ の逆数で定義する．一般に，関数 $y = y(x)$ の微分 $\frac{dy}{dx}$ の逆数は，逆に x を y で微分したもの $\frac{dx}{dy}$ に等しいので

$$\boxed{統計力学的温度： \quad T \equiv \left(\frac{dS}{dU}\right)^{-1} = \frac{dU}{dS}} \tag{6}$$

このように定義すると，T は理想気体の状態方程式に出てくる絶対温度と完全に等しいことも証明できる．ここではその証明の詳細には立ち入らないが，簡単な解説をしておこう．U がある程度大きいとき，エントロピーは一般に

$$S = kcN \log U + (U に依存しない数)$$

という形になる（c は 1 から 10 程度の定数）．この式より（$\log x$ の微分が $\frac{1}{x}$ であることを使えば）$\frac{dS}{dU} = \frac{kcN}{U}$ となる．そしてこれが温度の逆数 $\frac{1}{T}$ であるとすれば $U = kcNT$ となり，T が $\frac{U}{N}$（粒子 1 つ当たりのエネルギー）に比例することになる．これは温度の直観的な意味に合致する．

4.12 エントロピーの応用

無数の粒子がからむ平衡状態は確率的に決まるということを学んだ．それによれば，システム全体のエントロピーが最大という条件が平衡状態を決める条件であり，最大になっていない場合には，変化は最大の状態に向けて起こる．決してその逆には進まない．これを**エントロピー非減少則**という（エントロピー増大則ともいう）．そして 4.7 項で紹介した現象の不可逆性もこの法則によって理解される．熱力学第 2 法則とは結局，エントロピー非減少則に他ならない．

たとえば，熱は高温物体から低温物体に伝わらなければならない．実際，逆の現象が起こると，全体のエントロピーが減少してしまうことを示そう．各物体のエントロピーの変化を計算する基本公式は，前項式 (6) つまり

$$\Delta S = \frac{\Delta U}{T} \tag{1}$$

である．低温物体（温度 T_L）から高温物体（温度 T_H）に熱 Q（>0）が（他に何もせずに）伝わったとする．低温物体では $\Delta U = -Q$ なので S は減って $\Delta S = -\frac{Q}{T_L}$. 高温物体では $\Delta U = +Q$ なので S は増えて $\Delta S = +\frac{Q}{T_H}$. したがって全体の S の変化は

$$-\frac{Q}{T_L} + \frac{Q}{T_H} = Q\left(-\frac{1}{T_L} + \frac{1}{T_H}\right) < 0 \quad (T_L < T_H \text{なので})$$

つまりこのプロセスはエントロピー非減少則に反する．

低温物体から高温物体に熱が伝わったとすると全エントロピーは減少

T_L　　$Q \rightarrow$　　T_H

$\Delta S = -\frac{Q}{T_L}$　　$\Delta S = +\frac{Q}{T_H}$

冷却装置　たとえば冷蔵庫では，低温部分（冷蔵庫内部）から，高温部分（冷蔵庫外部）に熱を移している．これは上の話に反しないのだろうか．冷蔵庫（あるいは一般の冷却装置）の場合，単に熱が移動しているだけではなく電力を使っている．つまり低温部分から出た熱（Q_L とする）と高温部分に入った熱（Q_H）は等しくない．電力により W だけの仕事を冷蔵庫にしたとすると，$Q_H = Q_L + W$ である．これを使って S の変化を計算し直すと

4.12 エントロピーの応用

$$-\frac{Q_L}{T_L} + \frac{Q_H}{T_H} = -\frac{Q_L}{T_L} + \frac{Q_L+W}{T_H} \geqq 0$$

全エントロピーの変化はマイナスにはなれないので，最後に「≧」と付けた．この不等式を変形すると

$$\frac{Q_L}{W} \leqq \frac{T_L}{T_H - T_L} \qquad (2)$$

つまり Q_L を生み出して低温部分をさらに冷やすことは可能だが，この不等式を満たすだけの電力（何らかのエネルギー源）W が必要なのである．

冷蔵庫外部 T_H $\left(\Delta S = +\dfrac{Q_H}{T_H}\right)$
熱 $Q_H = Q_L + W$
冷却装置 ← 電力 W
熱 Q_L
冷蔵庫内部 T_L $\left(\Delta S = -\dfrac{Q_L}{T_L}\right)$

熱機関の効率　物体がもつ内部エネルギーを（他の変化は伴わずに）力学的エネルギーにする，あるいはそれによって仕事をすることはできない（第2種永久機関は不可能）．なぜなら内部エネルギーの減少は式 (1) よりエントロピーの減少をもたらすので，他にエントロピーの増加が起こらなければエントロピー非減少則に反する．

エンジン（あるいは一般の動力機関）は燃料を使って仕事をしている．燃料を使うというのは，燃料を燃焼させて高温（T_H）状態を作り出し熱を取り出すということであり，燃料のエントロピーは減る．しかしエンジンでは同時に，熱せられた気体を外部に放出して低温の気体と入れ換えるということを常に行っている．つまり，熱（下図の Q_H）をすべて仕事（W）にしているのではなく，その一部（Q_L）は低温部分（T_L）に放出する．それによって低温部分でエントロピーの増加が起こる．このような機構を一般に熱機関という．

燃料の燃焼 T_H $\left(\Delta S = -\dfrac{Q_H}{T_H}\right)$
熱 Q_H
エンジン → 仕事 $W = Q_H - Q_L$
熱 Q_L
低温部分 T_L $\left(\Delta S = +\dfrac{Q_L}{T_L}\right)$

エントロピー非減少：
$$-\frac{Q_H}{T_H} + \frac{Q_L}{T_L} \geqq 0$$

Q_H のうちのどれだけを仕事 W に変えられたかを，この **熱機関の効率** という．全エントロピーの変化はマイナスにはなれないという条件（図参照）から

$$\frac{W}{Q_H} = \frac{Q_H - Q_L}{Q_H} \leqq 1 - \frac{T_L}{T_H} (<1) \qquad (3)$$

となる．温度差（$T_L < T_H$）がないと決して動力は得られないことがわかる．

第 4 章 エネルギー・仕事・熱

● 章のまとめ

- **内部エネルギー** 物体の内部での原子の振る舞い（原子レベルでの細かな運動や原子間の結合）によって決まるエネルギー．

    物体の全エネルギー＝力学的エネルギー＋内部エネルギー

- **内部エネルギーを変える作用** 仕事（圧縮，撹拌，摩擦），熱の伝達
- **熱力学第 1 法則** 物体の全エネルギーの増加

    ＝外力が物体に対して行った仕事＋外部から伝わった熱

- **単位** $1\,\mathrm{J}^{\text{ジュール}} = 1\,\mathrm{N\,m} = 1\,\mathrm{kg\,m^2/s^2}$, $1\,\mathrm{cal} \fallingdotseq 4.2\,\mathrm{J}$（熱の仕事当量）
- **熱容量** 一定の量の物体の温度を $1\,\mathrm{K}$ 上げるのに必要な熱．

    比熱： $1\,\mathrm{g}$ の物体を $1\,\mathrm{K}$ だけ上げるのに必要な熱（水の場合 $1\,\mathrm{cal} = 4.2\,\mathrm{J}$）．

    モル比熱： 1 モルの物体を $1\,\mathrm{K}$ だけ上げるのに必要な熱．

- **熱平衡** 接触している 2 つの物体の間で熱の伝達が止まった状態．

    平衡状態 物体の内部のすべての部分が互いに熱平衡になっている状態．

- **絶対温度**$(\mathrm{K}) =$ 摂氏温度$(°\mathrm{C}) + 273.15$
- **理想気体の状態方程式** $VP = kNT$ あるいは $VP = mRT$．ただし

    V：体積，P：圧力，T：絶対温度，N：粒子数，$m\left(=\frac{N}{N_\mathrm{A}}\right)$：モル数

    k：ボルツマン定数，R：気体定数，N_A：アボガドロ数

- **気体定数の値** $R = N_\mathrm{A} k = 8.315\cdots\,\mathrm{J/K\cdot モル}$

    ただし N_A（水素 $1\,\mathrm{g}$ 中の水素原子数にほぼ等しい）$= 6.022\cdots \times 10^{23}$

- **気体のモル比熱** 単原子分子：すべての温度で $1.5R$．2 原子分子：低温で $1.5R$ だがすぐに $2.5R$ に上昇し，さらに $3.5R$ に向けて増加する．
- **不可逆過程の例** 熱の伝達は高温側から低温側にのみ起こる．内部エネルギーが（他に何も変化を残さずに）力学的エネルギーになることはない．拡散の逆は起こらない．…　これらを一般に熱力学第 2 法則という．
- **第 1 種永久機関** 第 1 法則に反する（実現不能）燃料を使わない動力装置．

    第 2 種永久機関 第 2 法則に反する（実現不能）燃料を使わない動力装置．

- **微視的状態** $\rho(U, V, N)$ エネルギー，体積，粒子数は同一だが，原子レベルから見ると異なる状態の数．
- **エントロピー** S 微視的状態数の対数．$S \equiv k \log \rho$
- **統計力学的に定義された絶対温度** $T \equiv \left(\frac{dS}{dU}\right)^{-1} = \frac{dU}{dS}$
- **エントロピー非減少の法則** 互いに影響を与えあっているすべての物体のエントロピーの合計は減少しない．熱力学第 2 法則の確率的な理由付けとなる．
- **熱機関の最大効率** $\frac{W}{Q_\mathrm{H}} = \frac{Q_\mathrm{H} - Q_\mathrm{L}}{Q_\mathrm{H}} \leqq 1 - \frac{T_\mathrm{L}}{T_\mathrm{H}}\ (<1)$

第5章

電荷と電流

　電流は，引き離された正電荷と負電荷が引き付け合うことから生じる．これを，高い所に持ち上げられた水が重力によって流れ落ちる現象にたとえたモデルが水流モデルである．このモデルを使って電圧／電位差，電力，電気エネルギーといった概念を説明する．電位は電源内部では負極から正極に向かって上昇し，抵抗では，電流が流れる向きに降下する．そして回路を1周すると電位は元に戻る．これが電流の大きさを求めるときの基本になる．

| 摩擦電気と電荷
| 水流モデル
| 電気エネルギー
| 消費電力とオームの法則
| 電気関係の単位
| 回路の基本
| 直列接続・並列接続
| キルヒホッフの法則

5.1 摩擦電気と電荷

異なる物質をこすり合わせると**静電気**が発生する，という現象は昔からよく知られていた．発生した電気が静止しているので静電気というが，摩擦によって生じた場合を**摩擦電気**ともいう．

たとえば身近なものでは，スーパーで渡されるレジ袋とティッシュペーパー（あるいはウールを多く含んだ布）を強くこすり合わせ，その後で並べてぶら下げると引き付け合う．また，同じようにしたレジ袋2枚を並べてぶらさげると，反発し合う．

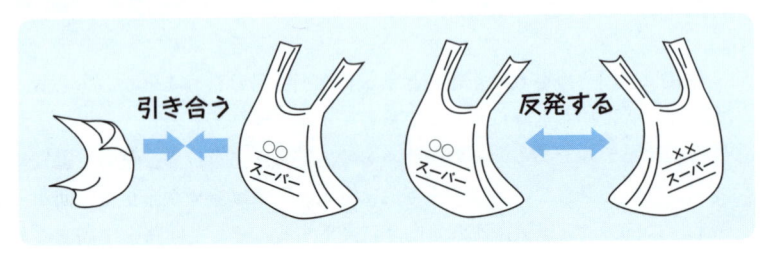

反発する場合と引き合う場合があることから，摩擦をしたときには2種類のものが発生していると想像された．レジ袋に発生したものをAと呼び，ティッシュペーパーに発生したものをBと呼ぼう．レジ袋どうしは反発し合うことから，Aどうしは反発し合うことがわかる．また，レジ袋とティッシュペーパーは引き合うので，AとBは引き合っていることになる．さらに，一方にAが発生したときには他方にBが発生しているのだから，AとBは，プラス（正）とマイナス（負）で表される（合わせると打ち消し合う）性質をもつとも想像された．

正負の電荷 20世紀初頭に原子というものの実体がわかり，これらの想像が正しかったことが証明された．物質はさまざまな原子の集団である．原子は，10の7乗分の1ミリメートル（0.0000001 mm）程度の大きさの小さな粒子だが，それ自体が1つの粒子というわけではない．さらに小さな1つの**原子核**と，その周囲を動いている（一般に）複数個の**電子**からできている．原子核や電子は**電荷**と呼ばれる性質をもっており，それは正負の数字で表される．歴史的な経緯の結果，電子の電荷のほうがマイナス（負）とされている．

注 原子核の電荷のほうをマイナスとしてもよかったのだが,当時ガラスに発生する摩擦電気がよく研究されていたので,それを正としたのが発端であるらしい. ○

　電荷はすべての電子で共通であり,それを $-e$ と書いたとしよう (e は,あるプラスの数).電子が N 個ある原子の場合,原子核は $+Ne$ (e の N 倍)の電荷をもっており,原子全体では電荷の合計はゼロになる.また,プラスの電荷をもつ粒子とマイナスの電荷をもつ粒子は引き付け合う.それが,原子核と電子が一緒になって原子になっている理由である.また,プラスどうし,あるいはマイナスどうしは反発し合う.

　このような原子についての知識をもとに,摩擦電気を説明してみよう.違った種類の物質をこすった場合,原子核と電子の結合の強さの違いのため,電子の一部が一方の物質から他方の物質へと移動する.たとえばレジ袋とティッシュペーパーの場合は,レジ袋のほうに一部の電子が移動する.するとレジ袋の電荷は全体としてマイナスになる(負に**帯電**したという).またティッシュペーパーのほうは電子が不足した状態になり,原子核の電荷が勝って,全体として電荷はプラスになる(正に帯電したという).プラスとマイナスは引き合い,またプラスどうし,マイナスどうしは反発することを考えれば,冒頭の実験の結果を理解することができる.

電荷の移動　レジ袋やティッシュペーパーに発生した電荷は静止しているので静電気と呼ばれるが,このように発生した静電気も,状況次第では移動する.

　レジ袋とティッシュペーパー(あるいはウール),そして料理用の金属製ボール,小さな蛍光灯の管(蛍光管,4ワット用)を用意する.まずレジ袋をティッシュペーパーで強くこすり,その上にボールを置く.そしてそれに,蛍光管を近づける.

　レジ袋に静電気が十分に発生している場合には,蛍光管がボールに接触する前に,管の先端とボールの間に火花がちって蛍光管が瞬間的に光る.十分に発生していなくても,管の先端がボールに接触した瞬間に蛍光管が光るのが見られる.しかしボールを置かずに,レジ袋に直接,蛍光管を近づけても,何も起こらない.

蛍光管
火花
瞬間的に光る
ボール
レジ袋

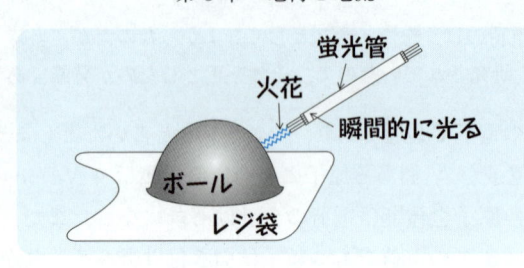

　物質には，その中を電子が移動しやすいものと，移動しにくいものがある．移動しやすい物質を**導体**，しにくい物質を**絶縁体**といい，またその中間的な物質を**半導体**という．たとえば金属は導体である．人間の体も比較的電荷が移動しやすい導体である．金属の場合，その中の電子の一部が自由に移動できるようになっており，その電子を特に**自由電子**と呼ぶ．

　これらの知識をもとに，上の実験結果の意味を考えてみよう．ボールも，蛍光管の先端も，金属製である．したがってその中の自由電子は自由に移動できる．

　負に帯電したレジ袋の上にボールを置くと，レジ袋に発生していた過剰な電子がボールに移動し，それはボール内の自由電子となってボール全体に広がるが，蛍光管を近づけると，それに引き付けられて集まる．なぜなら，一般に，先のとがった金属を近づけると，ボール上の過剰な電子の力のために，近づけた金属のほうで自由電子の移動が起こる．つまりボールに近い部分からは電子が少なくなり，正に帯電するがその結果，今度はボールの電子がそれに引かれて集まってくる．結局，ボールの負電荷と蛍光管の正電荷が互いに引き付け合って集まるという結果になる．

　引き付け合う力が強いと，ボールから蛍光管に向けて電子が飛び出すという現象が起こる．これは**放電**と呼ばれ，そのときに火花が見られる．蛍光管側に移動した電子は，今度は蛍光管内部で放電を起こし，蛍光管を光らせる．ただしこのようなことが起こると，ボールからは過剰な電子がすぐになくなってしまうので，蛍光管が光るのも瞬間的な現象である．

電流と電池　摩擦電気で蛍光管を光らせることはできるが，これは一瞬の現象である．一般に静電気は，火花を起こすこともできるので一見，強力のように思えるが，もっているエネルギーの量，あるいは関係する電子の数は，日常生活での電流と比べても大きなものではない．たとえば電灯をある程度の時間，

5.1 摩擦電気と電荷

光らせようとすれば，貯めてある電荷では不十分であり，絶えず電荷を発生させ供給するメカニズムが必要である．それを一般的に**電源**といい，その典型的なものが**電池**あるいは**発電機**である．

電池にもさまざまなものがあるが，我々が日常的に使う乾電池は化学電池の一種である．摩擦電気では，手の力などによって電荷を発生させるが，化学電池では文字通り物質の化学反応によって電荷を発生させる．

電池には**正極**（+）と**負極**（−）がある．正極と負極に導線を介して豆電球をつなげば豆電球は光り続ける．そもそも電池とは，負極に負の電荷（つまり電子過剰の状態）を作り出し，あるいは正極に正の電荷（つまり電子が不足した状態）を作り出す装置である．負極が電子過剰になった場合には，両極を導線でつなぐと，負極から過剰な電子が導線を通じて広がり，正極で吸収される．

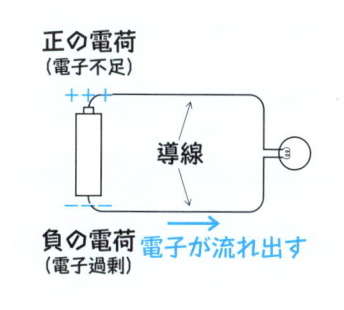

このように実際は電子が負極から正極に向けて流れるのだが，まだそのようなことが知られていなかった頃からの習慣で，我々は正極から負極に向けて**電流**が流れる（正の電荷が流れる）と表現する．電流とは電気の流れという意味である．

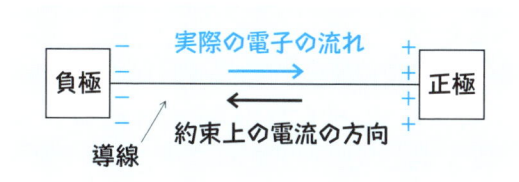

摩擦電気の場合と違うのは，負極から電子が流れ出て減れば，その分が電池から供給されることである．つまり電池の電子供給能力がなくなるまで，電流は流れ続ける．

5.2 水流モデル

　電流をわかりやすく説明するために，しばしば**水流モデル**というものが使われる．ポンプによってくみ上げられた水が重力によって下のタンクに流れ落ち，それがまたポンプによってくみ上げられるというモデルである．ポンプが電池に相当し，水は移動する電荷，そして水の流れが電流に相当する．

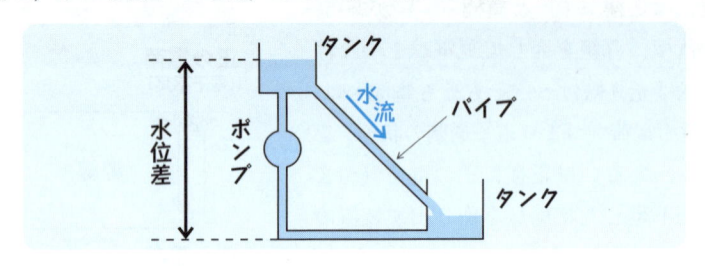

　具体的にどのように循環するのかを指定しよう．まずポンプは，上のタンクに常に一定量の水が貯まっているように，水をくみ上げるものとする．上のタンクに貯まった水はその重さにより，パイプを通じて下のタンクに流れ落ちる．このとき，循環する水路のどこでも，ある一定の水量が流れているものとする（タンクの高さやパイプの太さを変えれば，流れる水量も変わるが）．下のタンクに落ちた水は，落ちた分だけ，ポンプによって上のタンクに運ばれる．

　電池につながれた電気回路には，一定の量の電流が流れ続ける．それに対応させるために，水流モデルでも，どこでも一定の水量が一定の速さで流れるようにしたい．しかし水が重力によって落ちるというモデルでは，流れる水は通常は加速してしまう．そこで，パイプには水の流れを弱める何らかの障害物が備わっており（たとえば細かい凹凸が無数に並んでいるなど），水は加速されずに，一定の速さで流れ続けるようになっているとする．

　ここで，電気回路で使われるいくつかの基本的な用語を紹介しよう．そして，それが水流モデルの何に対応するかを説明しよう．

電源と起電力　電源とは電気（正負の電荷の分布）を発生させる装置．たとえば電池や発電機である．そして電源が電気を発生させる能力を**起電力**と呼ぶ．水流モデルで言えば電源とはポンプであり，起電力とはポンプの能力，つまりポンプが水をくみ上げる高さ（水位差）で決まる量となる（高さに比例する）．

また重力にさからって水をくみ上げるのだから，重力の大きさ（つまり重力加速度 g）にも比例して大きくならなければならない．

電圧／電位差　電圧と電位差は同じ意味である．これは，電源によって生じた電荷分布の，ある意味での強さを表す．水流モデルで言えば，水位の差がもつエネルギーに関係した量である．これも，水位差と，重力の大きさ g に比例する量になる．

具体的には，水位（＝高さ）の差を h としたとき，それに重力加速度 g を掛けた gh という量が，水流モデルでの，電気回路での電圧／電位差に相当する量である．質量 m の物体を高さ h だけ持ち上げると，(重力による) 位置エネルギーが mgh だけ変化するが，gh とは $m=1$ の場合の位置エネルギーの差に等しい．水流モデルでの質量は，電気回路では電荷の大きさに相当するので，大きさ 1 の電荷をもつ粒子の電気的な位置エネルギーの差が電圧／電位差になる（詳しいことは 6.3 項でさらに解説する）．

起電力と電圧／電位差の関係　起電力と電位差は密接な関係にある．ただし起電力とは電源（ポンプ）がもつ性質である一方，電圧とは，電源の働きの結果として生じた電荷分布の性質であり，向きが逆であることに注意．これも水流モデルで考えればわかりやすい．ポンプは水を上にくみ上げるので，起電力は水を下から上に持ち上げようとする．一方，水位差は重力により水を下に落とそうとする．

起電力の働きと電位差の働きは逆向きで大きさは等しい，つまりつり合っているので，ポンプ（電源）の中で水は一定の速さで動く（合力がゼロならば物体は等速運動をする … 慣性の法則）．といっても，もしポンプの内部での流れに抵抗力が働く場合には，それに打ち勝つために起電力のほうが電位差よりも少し大きくなければならない．したがって起電力の大きさは，電流が流れていない（つまり抵抗力が働いていない）ときの電位差の大きさに等しい．これが起電力の大きさの定義である．

乾電池が 1.5 V（ボルト）という場合，これは起電力の大きさを表しているが，この乾電池によって生じる両極間の電位差（電圧）にほぼ等しい．ただし今も述べたように，乾電池内部には小さいが抵抗があるので，電流が流れているときには電圧は 1.5 V よりもやや小さくなる．

5.3 電気エネルギー

物体は，高い位置にあるとき，位置エネルギーと呼ばれるエネルギーをもっている．落下する物体は落ちるにつれ位置エネルギーを減らし，その代わりに加速されるので運動エネルギーをえる．つまり位置エネルギーが運動エネルギーに転換し，エネルギー全体は一定である（エネルギー保存則）．

しかし水流モデルでは，水は障害物のある水路を一定の速さで流れる．そのため運動エネルギーは増えないが，水が障害物にぶつかることによって熱が発生する．その熱は水路や水自体の温度上昇をもたらす．位置エネルギーが内部エネルギー（俗な表現を使えば熱エネルギー）に転換したという．

注意 水が 1 m 落下し，位置エネルギーの減少分だけ熱が発生した場合，水の温度は 0.0023 度上昇する．約 400 m の落下で 1 度である．これは水の熱容量（比熱）から計算できる． ○

このようにパイプを流れ落ちた水の位置エネルギーは減少するが，ポンプによって絶えず，位置エネルギーをもった水が上のタンクに供給される．つまりエネルギーの転換は，下の図のように行われている．

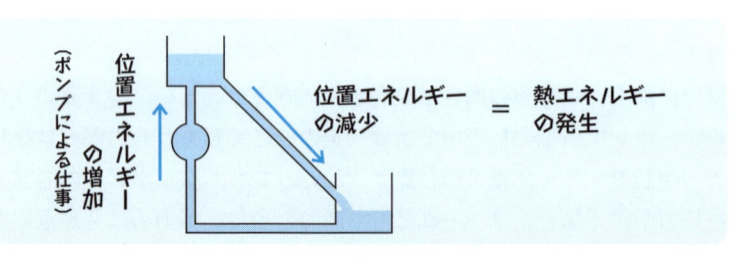

次に，電気回路におけるエネルギーの増減について考えてみよう．たとえば電池に豆電球をつなげた場合，豆電球は光や熱を発生させる．つまり光のエネルギーや熱エネルギーが発生している．それは何のエネルギーが転換したものだろうか．

水流モデルとの類推で考えれば，流れる前の電荷には何らかの位置エネルギーがあり，それが光や熱のエネルギーに転換したと考えられる．実際，正電荷と負電荷が分離した状態には，その状態に固有のエネルギーがある．これらの電

5.3 電気エネルギー

荷は互いに引き合っているのだから，引き離すには仕事が必要だったはずだからである（力を加えなければならない）．

　地上で重力に逆らって物体を持ち上げる場合にも仕事が必要であり，重力による位置エネルギーは，持ち上げるのに必要な仕事（＝力×距離）に等しい量として定義される．それと同様に，正負の電荷が分離した状態を作るのには仕事が必要であり，その仕事に等しい量として「電気力による位置エネルギー」，略して**電気エネルギー**というものが定義される．

　摩擦電気の場合，生じていた電荷が移動し（放電），その過程で光や熱が発生すると電気エネルギーは消滅する．一方，電源がつながっている回路の場合には，電荷が流れて光や熱が発生するが，常に電荷は電源から補給されている．つまり電源で電気エネルギーが常に生成され，それが光や熱のエネルギーに転換され続ける．

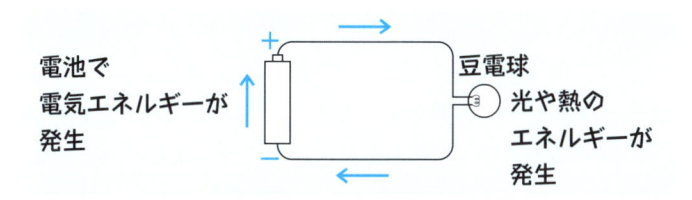

電池で電気エネルギーが発生　　　豆電球　光や熱のエネルギーが発生

　電源は，エネルギーの点からいえば常に電気エネルギーを生成する装置ということになるが，電気エネルギーを生成するためには，さらにその元となるエネルギーがなければならない．たとえば乾電池の場合には，乾電池内での化学反応により電荷が提供されている．つまり乾電池を構成する物質自体のエネルギー（**化学エネルギー**という）が，電気エネルギーの元にある．

　電源が発電機である場合には，発電機を動かすために使われるエネルギーが，電気エネルギーの元になる．たとえば手回し発電機の場合には，手が行う仕事が電気エネルギーに転換される．その転換のメカニズムについては発電機の内部構造を知らなければならない．それについては次章で解説する．

5.4 消費電力とオームの法則

　回路の中で，電気エネルギーが他のエネルギー（熱，光，力学的エネルギーなど）に転換される部分を一般に**負荷**という．それは電球だったり，電熱器のニクロム線だったり，あるいは何かの装置のモーターだったりする．それらと電源を結ぶ導線も多少の熱を発生しており，負荷の一部である．

　負荷は，その目的よって電球（光を出すもの）や電熱器（熱を出すもの）といった名前が付くが，単に負荷を与え，それによって電流の流れを抑制すること自体が目的のものもあり，**抵抗**あるいは**抵抗器**と呼ばれる．抵抗器は，電気を比較的通しにくいさまざまな金属（合金）で作られる．

　電気エネルギーは電源で生成され，負荷で消費されて他のエネルギーに転換される．それを数式で表すことを考えよう．この項ではそれを，水流モデルとの対応を使って考える．

　水路（パイプ）の単位長さ当たりに含まれる水の質量を ρ（ギリシャ文字のロー）と書く．それが一定の速さ v で流れているとすれば，質量の流れ（ある場所を単位時間に流れる量…「水流」と呼ぶ）は，水流 $= \rho v$ となる．

　次に，単位時間当たりの位置エネルギーの減少を計算する．水路の全長を l とすれば，水路内にある全質量は ρl となる．それが単位時間には $v \sin\theta$ だけ落下するので，重力による位置エネルギーの公式より

単位時間当たりの位置エネルギーの減少
$= $ 全質量 $\times$ 重力加速度 $\times$ 落下距離
$= \rho l \cdot g \cdot v \sin\theta = (\rho v) \times (hg)$ 　　(1)

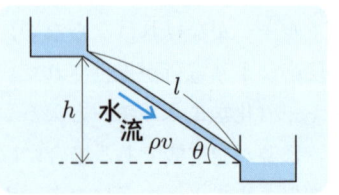

最後に $l \sin\theta = h$ を使った．

　この式を電気回路に置き換えよう．電圧を V，電流を I とし，単位時間に負荷で消費される電気エネルギーの量を P（**電力**あるいは**消費電力**という）とする．対応関係は，

電力　　P　　$\Leftrightarrow$　単位時間に消滅する水の位置エネルギー
電圧　　V　　$\Leftrightarrow$　水位差によって生じる単位質量の水の位置エネルギー hg
（電位差）
電流　　I　　$\Leftrightarrow$　水流 ρv

この対応関係を式 (1) に適用すれば

$$電力 = \underset{(電位差)}{電圧} \times 電流 \qquad (2)$$
$$P = V \times I$$

という関係があることが推定される．単位時間にこれだけのエネルギーが，熱，光，あるいは力学的な仕事として放出されるのである．

電流の大きさ　電力は電圧と電流から計算される．では電圧と電流はどのように決まるだろうか．電圧の大きさは，つないだ電源によって決まる．電流の大きさのほうは，電源ばかりでなく，つないだ負荷にも関係する．一般に，電圧 V が大きいときは（水流モデルでいえば重力が大きいのだから），大きな電流 I が流れると予想される．水流の速さ v が重力加速度 g に比例して大きくなるとすれば，電流は電圧に比例することになる．

電圧と電流が比例関係にある場合には，比例係数を R（定数）として

$$電圧 = R \times 電流 \quad (つまり V = RI)$$

と書ける．R は各負荷の性質を表す量である．この比例関係を**オームの法則**というが，オームの法則が成り立つ負荷も，成り立たない負荷もある．

R の意味は

$$電流 = \frac{1}{R} \times 電圧$$

と書いたほうがわかりやすい．負荷の R が大きいときは，同じ電圧でも電流は小さい．つまりこの負荷は電流が流れにくい．逆に R が小さければ，この負荷は電流が流れやすい．つまり R は，流れに対する抵抗力の大小を表す．その意味で，R のことを**抵抗値**，あるいは単に**抵抗**または**電気抵抗**という．R は resistance（抵抗）の頭文字である．

注　電流の流れを抑制する装置が抵抗器あるいは抵抗である．一方，上の抵抗 R は，抵抗器など負荷の性質を表す量である．たとえば，「この抵抗の抵抗は 1 オームである」とは，「この抵抗器の抵抗値は 1 オームである」という意味になる（オームとは抵抗値の単位だが，次項で定義する）． 〇

5.5 電気関係の単位

　これまで，電気関係のいくつかの量を導入してきた．それらを表すために使われる記号とともにまとめてみよう．

電荷／電気量（Q あるいは q）：物体あるいは粒子がもつ電気的な性質の大きさを表す量（このような性質をもつ粒子（荷電粒子）自体のことを電荷ということもある）．

電流（I あるいは i）：電荷の流れの大きさを表す量（流れ自体を電流ということもある）．正確に言えば，電気回路のある場所を流れている電流とは，その場所を単位時間に通過する電荷の量（電気量）である．

電力（P）：単位時間に電源が供給する電気エネルギーの量．回路の負荷において単位時間に消費される（他のエネルギーに転換される）量に等しい．

電力量：消費された電気エネルギーの総量．電力量 = 電力 × 時間．

起電力（E あるいは $\mathscr{E}$）：電源の強さ．電流が流れていないときに電源がその両極間に発生させることのできる電位差に等しい．

電圧／電位差（V）：2点間の電圧（電位差）とは，大きさ1の電荷をもつ粒子をその2点間で移動したときの電気的なエネルギーの変化．

抵抗／抵抗値（R）：R = 電圧 ÷ 電流（オームの法則が成り立つ場合には定数）．

　次に，これらの量の単位について考えてみよう．力学で登場する物理量は，長さ（m，メートル），時間（s，秒），質量（kg，キログラム）の3つの基本単位を使って表された．たとえば力の単位 N（ニュートン）やエネルギーの単位 J（ジュール）は，この3つの組合せで表される組立単位である．運動方程式で力が「質量 × 加速度」に等しいことから，N は

$$1\,\mathrm{N} = 1\,\mathrm{kg} \times 1\,\mathrm{m/s^2} = 1\,\mathrm{kg\,m/s^2}$$

またエネルギーは仕事によって増減するものであり，仕事は「力 × 距離」に等しいので，その単位 J は

$$1\,\mathrm{J} = 1\,\mathrm{N} \times 1\,\mathrm{m} = 1\,\mathrm{N\,m} = 1\,\mathrm{kg\,m^2/s^2}$$

　次に，上でリストアップした量について単位を考えよう．電力量はエネルギーの量なので，単位は J である．電力は W（ワット）という単位を使う．これはエネルギーを時間で割ったものだから

5.5 電気関係の単位

$$\text{電力:}\quad 1\,\text{W}(\text{ワット}) = 1\,\text{J} \div 1\,\text{s} = 1\,\text{J/s}$$

ここまでは力学で使った単位ですんだが，他の量については電磁気学独自の基本単位を導入する．まず電荷／電気量（単位は C（クーロン））と電流（単位は A（アンペア））について説明しよう．この 2 つは密接な関係にある．次の定義を見ていただきたい．

「1 C とは，ある場所に 1 A の電流が流れているとき，単位時間（1 秒）にそこを通過する電気量を意味する．つまり $1\,\text{C} = 1\,\text{A} \times 1\,\text{s} = 1\,\text{As}$」

「ある場所に流れている電流が 1 A であるとは，そこを通過する電気量が単位時間（1 秒）あたり 1 C であることを意味する．つまり $1\,\text{A} = 1\,\text{C} \div 1\,\text{s} = 1\,\text{C/s}$」

これはどちらも正しいが，片方が決まれば他方が決まるということを言っているに過ぎない．まずいずれか一方を，先に独自に定義しなければならない．それはどちらでもいいのだが，電気量よりも電流の量のほうが微調整が容易であるという理由で，1 A という量が，ある現象（電流間の引力）を使って定義される．これについては 6.8 項で説明する．

注 電子 1 つの電気量の絶対値をよく e と書き，**電気素量**(そりょう)と呼ぶ．その値は

$$e = 1.602 \times 10^{-19}\,\text{C}$$

である．したがって電気量 1 C は電子約 6.2×10^{18} 個分に相当する．これは約 10^5 分の 1 モルである（1 モルは約 6.0×10^{23} 個 ⋯ アボガドロ数）． ○

電圧／電位差の単位は V（ボルト）である．これは電圧そのものに使われる記号 V と同じだが，単位のほうは立体の活字を使うので，混乱することはないだろう．$P = VI$ という関係より

$$\text{電圧:}\quad 1\,\text{V}(\text{ボルト}) = 1\,\text{W} \div 1\,\text{A} = 1\,\text{W/A}$$

最後に，抵抗の単位は Ω（オーム）である．これは抵抗の定義より

$$\text{抵抗:}\quad 1\,\Omega(\text{オーム}) = 1\,\text{V} \div 1\,\text{A} = 1\,\text{V/A} = 1\,\text{W/A}^2$$

これらの単位に M（メガ），k（キロ），m（ミリ），μ（マイクロ）といった字を加えると，それぞれ 100 万倍，1000 倍，1000 分の 1，100 万分の 1 となる．

5.6 回路の基本

電源（電池とする）と，オームの法則が成り立つ抵抗器をつないだだけの，最も基本的な回路を考えよう．ただし電源の起電力を $\mathscr{E}$，抵抗器の電気抵抗を R とし，電源と抵抗器をつなぐ導線の電気抵抗はゼロとみなしていいものとする．

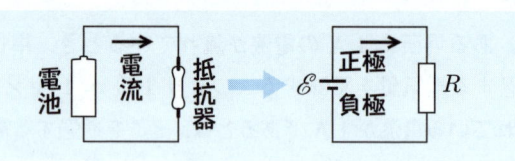

この回路を流れる電流を I としたときの，$\mathscr{E}$ と R と I の関係を求めたい．基本的な考え方は以下の通りである．

I. 電源の起電力が $\mathscr{E}$ であるとは，電源の両極に $\mathscr{E}$ だけの電位差（V）が生じることを意味する．

$$\text{電源での関係：}\quad V = \mathscr{E}$$

この V を，電源の2つの端子（導線との接続部）の間の電圧という意味で**端子電圧**ということもある．

II. 導線は電気抵抗がゼロだとしているので，導線内では電位差はない（$V = RI = 0$），つまり電位は一定である（電位は水流モデルでの水位に対応する．電位一定の導線は，障害物のない水平な水路に相当する）．したがって，抵抗器の両端の電位差は，電極の両端での電位差 V に等しい．

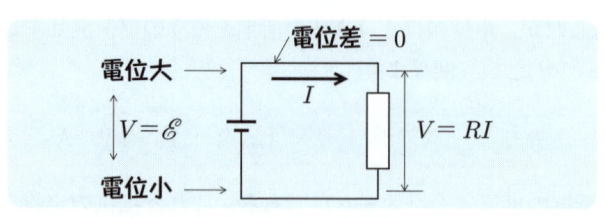

III. 抵抗器での電位差と電流との間には，オームの法則の式が成り立つ．

$$\text{抵抗器での関係：}\quad V = RI$$

以上より，

5.6 回路の基本

$$\mathcal{E} = RI \tag{1}$$

となる．これがこの回路の，基本的な関係式である．

この回路を1周した時に，電位がどのように変化するかを考えてみよう．ただし電源の負極の電位をゼロとする（電位の基準点）．

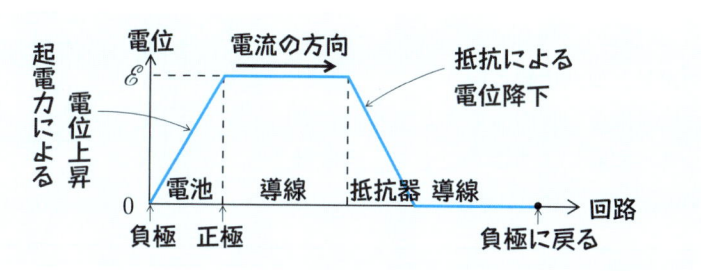

電池の所では，負極から正極まで，電位は $\mathcal{E}$ だけ上がる．起電力の効果である．導線の部分では電位が変わらず，抵抗器のところで電位は $RI\,(=\mathcal{E})$ だけ下がってゼロに戻る．抵抗 R によって RI だけ電位が下がることを，一般に**電位降下**という．

回路を1周すると電位は必ず最初の値に戻る．そのような見方をすると式 (1) は，1周したときの電位の変化 = 0，すなわち

$$\underset{\text{(起電力による電位上昇)}}{\mathcal{E}} + \underset{\text{(抵抗による電位降下)}}{(-RI)} = 0 \tag{2}$$

注意　電位降下は電圧降下ともいうこともあるが，正しい表現ではない．抵抗を通ると下がるのは電圧ではなく電位である．電圧という言葉は電位ではなく電位差を意味する．2点間の電位の差である．ただし厳密に言うと，電流が流れているとき電圧（端子電圧）は少し減る．これこそが**電圧降下**である．5.2項の最後でも少し触れたことだが説明しておこう．

ここまでの話では無視してきたが，電源の中にも電気抵抗がある．**内部抵抗**という．その値を r としオームの法則が満たされるとすると，電源内部で rI の電位降下が起きる．したがって電源の端子電圧はその分だけ下がり

$$V = \mathcal{E} - rI \tag{3}$$

となる．これを使うと，式 (1) は，

$$\mathcal{E} - rI = RI \quad \text{すなわち} \quad \mathcal{E} = (r+R)I \tag{4}$$

内部抵抗の大きさはさまざまで，電池では古くなるほど大きくなる．　　　　○

5.7 直列接続・並列接続

次に，抵抗を2つつないだ回路を考える（以下では単に，抵抗器を抵抗という）．つなぎ方には右の2種類が考えられ，それぞれ**直列接続**，**並列接続**という．

2つの抵抗を一体のものとして考えたときの全体の抵抗の大きさのことを，**合成抵抗**という．

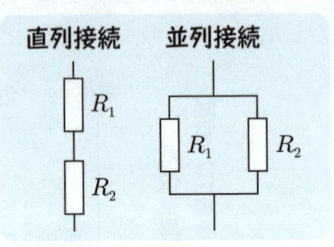

課題1 上図の2つの回路の合成抵抗（R とする）を求めよ．

考え方 直列接続の場合は，各抵抗での電位降下の合計が合成抵抗での電位降下になることを使う．並列接続の場合は，各抵抗に流れる電流の合計が合成抵抗を流れる電流になることを使う．

解答 直列接続：流れている電流は共通なのでそれを I とすると，上記の条件は

$$RI = R_1 I + R_2 I$$

したがって

> 直列接続： $R = R_1 + R_2$

並列接続：それぞれの抵抗を流れる電流を I_1, I_2 とすると

$$I = I_1 + I_2$$

電位差は共通なのでそれを V とすると，上式は

$$\frac{V}{R} = \frac{V}{R_1} + \frac{V}{R_2}$$

したがって

> 並列接続： $\frac{1}{R} = \frac{1}{R_1} + \frac{1}{R_2}$ あるいは $R = \frac{R_1 R_2}{R_1 + R_2}$

直列ではそのまま足し算，並列では逆数での足し算ということになる．

次に，3つの抵抗の合成を考える．

5.7 直列接続・並列接続

課題2 下の4つの接続の合成抵抗（R とする）を求めよ．

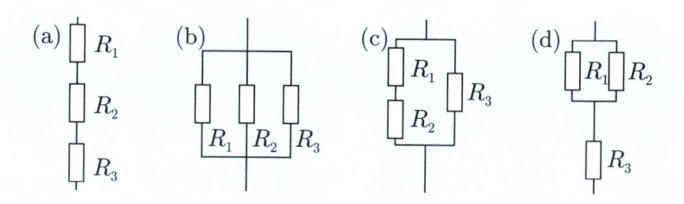

考え方 (a) と (b) は課題1と同じ解法，(c) と (d) は2段階で計算する．

解答 (a) $R = R_1 + R_2 + R_3$

(b) $\frac{1}{R} = \frac{1}{R_1} + \frac{1}{R_2} + \frac{1}{R_3}$

(c) R_1 と R_2 の合成抵抗を R_{12} と書くと直列だから $R_{12} = R_1 + R_2$

$$\frac{1}{R} = \frac{1}{R_{12}} + \frac{1}{R_3} = \frac{1}{R_1 + R_2} + \frac{1}{R_3}$$

(d) $R_{12} = \frac{R_1 R_2}{R_1 + R_2}$．これを使うと $R = R_{12} + R_3 = \frac{R_1 R_2}{R_1 + R_2} + R_3$

課題3 以下の回路の AB 間の合成抵抗を求めよ．ただしすべての抵抗の大きさは等しく，それを R とする．

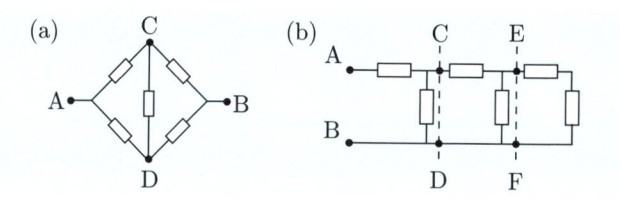

解答 (a) 上下対称の回路なので，C と D は電位が等しく，CD 間には電流は流れない．したがって CD 間を切り離して考えてもよく，すると，合成抵抗 $2R$ の並列接続になり，最終的な合成抵抗は R となる．

(b) 右から順番に合成する．EF の右側は単なる直列回路だから合成抵抗は $2R$．それを使うと CD の右側は右図のようになり，$\frac{2R}{3}$（$2R$ と R の並列）$+ R = \frac{5R}{3}$．AB 間も同様にして，$\frac{5R}{8}$（$\frac{5R}{3}$ と R の並列）$+ R = \frac{13R}{8}$．

5.8 キルヒホッフの法則

5.6項では，電源に負荷を1つだけ付けた単純な回路を考えた．そして回路を1周すると電位は元に戻るという話をした．つまり1周したときの電位差（電位上昇と電位降下の合計）はゼロになる．最初の場所に戻るのだから，電位（水流モデルでは水位）も元の値に戻らなければならない．

1周すると電位差の合計がゼロになるのは複雑な回路でも変わらない．さらに，複雑な回路では1周するのにさまざまな経路が考えられるので，それに応じてさまざまな式が書ける．それらが具体的に何を意味するのか，どのように使えるのか，具体例で考えてみよう．

例として抵抗を並列接続し，電源につなげた回路を考える．電源の内部抵抗は無視できるものとする．

流れる電流 I を求めたい．合成抵抗を R とすれば $\mathscr{E} = RI$ であり（5.6項式 (1) または (2)），また R の大きさは5.7項の並列接続の公式から得られるので

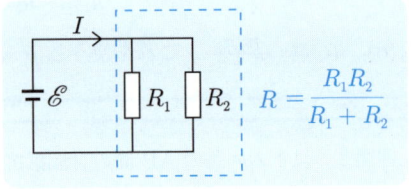

$$I = \frac{\mathscr{E}}{R} = \frac{\mathscr{E}(R_1+R_2)}{R_1 R_2} \tag{1}$$

となる．この結果を，並列接続の公式を使わないで，次の手順で求めてみよう．

> **課題** 上の回路には，下図に示されているように3つのループが考えられる．それぞれのループで，1周すると電位差の合計がゼロになるという条件を記せ．ただし各部分に流れる電流を図のように I, I_1, I_2 とする．それらの式から上式 (1) を求めよ．
>
> **解答** 電源では $\mathscr{E}$ の電位上昇が，また抵抗では RI の電位降下がある．ただし電位降下は，電流が流れる方向に見たときの降下であって，逆方向に見れば電位上昇である．電位降下のほうをマイナスで表すと

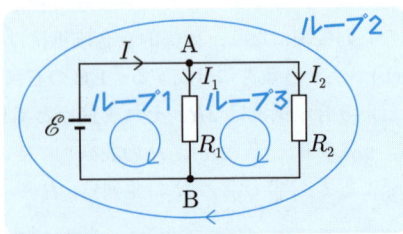

ループ1： $\mathscr{E} + (-R_1 I_1) = 0$, 　　ループ2： $\mathscr{E} + (-R_2 I_2) = 0$
ループ3： $R_1 I_1 + (-R_2 I_2) = 0$

ループ1と2の式から $I_1 = \frac{\mathscr{E}}{R_1}$, $I_2 = \frac{\mathscr{E}}{R_2}$. したがって全電流 $I = I_1 + I_2$ より

$$I = \frac{\mathscr{E}}{R_1} + \frac{\mathscr{E}}{R_2} = \frac{\mathscr{E}(R_1 + R_2)}{R_1 R_2}$$

となり式 (1) が得られる（ループ3の式は使わなかったが，1と2の式の差を取れば3の式になるので，3つとも使う必要はない）．

上の解答で使った考え方は，キルヒホッフの第1法則，および第2法則と呼ばれている．

キルヒホッフの第1法則：
回路の各接続点に流れ込む電流の総量と，流れ出す電流の総量は等しい．

回路のどこでも，流れ込む電荷の量と流れ出る電荷の量は等しい．さもないと，回路のどこかにプラスあるいはマイナスの電荷が貯まっていくことになってしまうからである．上の解答では，この法則は $I = I_1 + I_2$ の式に相当する．これは左ページ図の回路の2つの接続点 A, B のいずれにもあてはまる．

キルヒホッフの第2法則：
回路内のどのループでも，そこを1周して電位差を合計するとゼロになる．

1周するときは，どちら向きに回っているかを指定しておくことが重要である．そうでないと，電位が上昇しているのか降下しているのかが決まらなくなってしまう．また，式を書くとき，最初から電流がどちら方向に流れているかを知る必要はない．ある方向に流れていると仮定して，そのときの電流を I としておけばよい．計算をしたうえで最終的に I がマイナスになった場合は，電流は逆向きに流れていたことがわかる．

また，共通部分のある2つのループの式を組み合わせると，別のループの式になることにも注意．たとえば上の例では，ループ1とループ3を加えれば，共通部分（R_1 の部分）が打ち消し合ってループ2になるが，式でもそのようになっている．

第 5 章 電荷と電流

● 章のまとめ

- **起電力**($\mathcal{E}$) 電源が電気（正負の電荷の分布）を発生させる能力．
- **電気エネルギー** 電気力による位置エネルギー（正電荷と負電荷が電気力に逆らって分離している状態がもつ位置エネルギー）．
- **電圧／電位差**(V) 大きさ1の電荷をもつ粒子が2点間を移動したときの電気エネルギーの変化．
- **負荷** 回路の中で，電気エネルギーが他のエネルギー（熱，光，力学的エネルギーなど）に転換される部分．
- **抵抗／抵抗器** 電流の流れの抑制自体を目的とする負荷．
- **電力／消費電力** 単位時間に負荷で消費される電気エネルギーの量．
  電力(P) = 電圧(V)（電位差）× 電流(I)　すなわち　$P = VI$
- **オームの法則** 抵抗値（抵抗／電気抵抗）を R としたとき
  電圧(V) = R × 電流(I)　すなわち　$V = RI$
- **電気で使われる単位**
  電流：　1 A（アンペア）
  　磁気現象を使って定義される（6.8項参照）．
  電気量：　1 C（クーロン）= 1 A × 1 s = 1 As
  （電荷）
  　1 A の電流が流れているときに1秒にそこを通過する電気量．
  電力：　1 W（ワット）= 1 J/s
  　1秒に負荷で消費される電気エネルギー（J（ジュール））の量
  電圧／電位差：　1 V（ボルト）= 1 W ÷ 1 A = 1 W/A　（$V = P/I$ より）
  抵抗：　1 Ω（オーム）= 1 V ÷ 1 A = 1 V/A　（$R = V/I$ より）
- **電位降下** 抵抗 R によって RI だけ電位が下がること．
- **電圧降下** 電源の内部抵抗によって，電流が流れたときに電源の電圧が下がること（電位降下を電圧降下と呼ぶこともある）．
- **抵抗の合成** 直列接続：$R = R_1 + R_2$，並列接続：$\frac{1}{R} = \frac{1}{R_1} + \frac{1}{R_2}$
- **キルヒホッフの第1法則** 回路の各接続点に流れ込む電流の総量と，流れ出す電流の総量は等しい．
  キルヒホッフの第2法則 回路内のどのループでも，そこを1周して電位差を合計するとゼロになる．

第6章

電磁気の法則

　正電荷と負電荷は引き付け合うが，直接引き付け合うのではなく，空間に広がる電場というものを通して力を及ぼし合うと考えるが19世紀に発展した電磁気学である．電位も電場から計算される．同様に，電流や磁石の間に働く力も，磁場によって伝達されると考えられる．また，磁場が変化することで電場が生じ（電磁誘導），電場が変化することで磁場が生じることも発見された．これらの現象を組み合わせて発電を行うメカニズムも紹介する．

クーロンの法則
電場と電気力線
電気エネルギーと電位
電池が作る電位
磁気力と磁場
磁気現象の基本法則
磁石の性質の電流による説明
磁場と磁気力の大きさ
磁気力（ローレンツ力）
発電機とモーター
電磁誘導
磁気力による起電力との違い

6.1 クーロンの法則

電荷にはプラスとマイナスのものがある．同符号の電荷どうしは反発し合い，異符号の電荷どうしは引き付け合う．また，距離が近いほど，この力（**電気力**と呼ぼう）は大きくなる．このあたりまでは摩擦電気の実験から想像できることだったが，具体的に電気力の大きさや方向はどのような数式で表されるだろうか．

引力の場合にしろ反発力の場合にしろ，

「力の大きさは距離の 2 乗に反比例し，各電荷の電気量の積に比例する」

ことを実験により確かめたのはクーロンである（18 世紀末）．

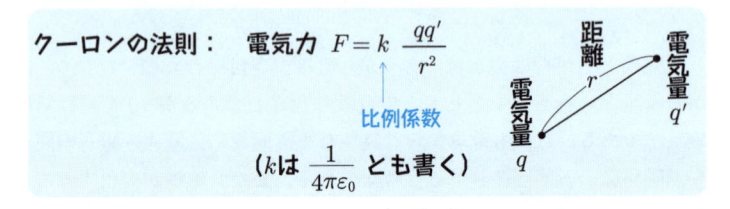

> **クーロンの法則**： 電気力 $F = k \dfrac{qq'}{r^2}$
>   ↑
>   比例係数
>
> （k は $\dfrac{1}{4\pi\varepsilon_0}$ とも書く）

電気量 q, q' の単位を C（クーロン），距離 r の単位を m（メートル），そして力 F の単位を N（ニュートン）で表すとすると，比例係数の値は

$$k = \frac{1}{4\pi\varepsilon_0} \fallingdotseq 9.0 \times 10^9 \,\mathrm{N\,m^2/C^2}$$

である（この k は熱統計でのボルツマン定数とは関係ない）．

上のクーロンの法則の式は，力の方向についての情報も含んでいることに注意．もし q と q' の符号が同じだったら，それがプラスとプラスの場合も，マイナスとマイナスの場合も，F はプラスになる．これが反発力の場合に相当する．一方，片方がプラスで他方がマイナスの場合には，F はマイナスになる．つまり力は逆方向になるので，電気力は引力になる．

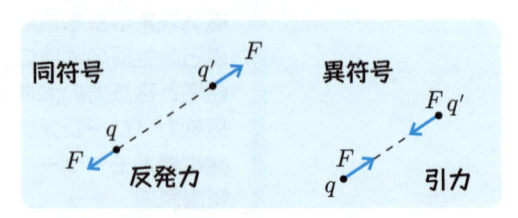

6.1 クーロンの法則

> **課題1** 1Cの電気量をもち,1m 離れている2つの電荷の間に働く電気力は,約何 kg の質量の物体に働く重力に等しいか.
> **考え方** 質量 m の物体に働く重力は mg. ただし重力加速度 g は約 $10\,\text{m/s}^2$.
> **解答** クーロンの法則の q, q', r それぞれに 1 を代入すると,ただちに
> $$F \simeq 9.0 \times 10^9 \,\text{N}$$
> 質量 m の物体にこれと同じだけの重力 F が働くとすれば
> $$m = \frac{F}{g} \simeq 9.0 \times 10^9 \,\text{N} \div 10\,\text{m/s}^2 \simeq 9.0 \times 10^8 \,\text{kg}$$

1Cというのは電子の個数でいえば,アボガドロ数(1 モル)の 10^5 分の1程度に過ぎない(5.5項).この程度の電気量の電気力でも,非常に重い物体に働く重力に等しくなる.しかし通常の物質はプラスとマイナスの電荷をほぼ同量含んでおり,引力と反発力が打ち消し合って,電気力が感じられない.

摩擦電気などで発生している電気量は,1Cよりもかなり小さい.そこで一般の静電気における電気量に対しては,μC(マイクロ・クーロン)(5.5項でも説明したが,$1\,\mu\text{C} = 10^{-6}\,\text{C}$)という単位が使われる.

> **課題2** 課題1で2つの電気量がどちらも $1\,\mu\text{C}$ である場合には,どうなるか.
> **解答** 課題1の答えの 10^{-6} の2乗倍(10^{-12} 乗倍)になる.したがって
> $$m \simeq 9.0 \times 10^8 \,\text{kg} \times 10^{-12} = 0.9\,\text{g}$$

> **課題3** 水素内での原子核(陽子1つ)と電子の距離は,平均 $0.5 \times 10^{-10}\,\text{m}$ 程度である.この距離でのこの2粒子の間に働く電気力の大きさを求めよ.
> **考え方** 陽子の電気量 = −電子の電気量 $\simeq 1.6 \times 10^{-19}\,\text{C}$(5.5項)
> **解答** $F \simeq (9.0 \times 10^9) \times (1.6 \times 10^{-19})^2 \div (0.5 \times 10^{-10})^2 \,\text{N}$
> $= (9.0 \times 1.6 \times 1.6 \div 0.5 \div 0.5) \times 10^{-9} \,\text{N} \simeq 0.9 \times 10^{-7} \,\text{N}$
> (ちなみにこれは,この2粒子間に働く万有引力よりも 40 桁大きい).

6.2 電場と電気力線

19 世紀中頃になり，後に物理学で中心的な役割を果たすようになる新しい概念が誕生した．場という考え方である．

クーロンの法則では（そして 3.6 項で説明した万有引力の法則でも同じだが），力は 2 つの離れた物体の間で，直接，働き合うという見方がされていた．それに対して新しい見方では，力は空間に広がる場というものを介在して伝達すると考える．たとえば電気力の場合には**電場**というものを考える．

具体的に説明しよう．まず，空間のある位置に 1 つの電荷 A があったとする．すると，その周囲の空間全体に，電場というものが生じると考える．そしてその空間に別の電荷 B を持ち込むと，電荷 B には，それが存在する位置にできていた電場から力を受けると考える．電場は電荷 B を持ち込む前からそこに存在するとみなされていることに注意（電荷 B を持ち込めば，それによる電場も生じるが，電荷 B は自分の電場からは力を受けない．電荷が自分の電場からどのような影響を受けるかは，電荷自体の構造が関係する難しい問題だが，少なくともいずれかの方向に自分を動かそうとする力にはならない）．

電場の働きを式で表してみよう．通常，電場は E と記す．ある位置に電荷 q があると，そこから r だけ離れた位置に電場 $E(r)$

$$E(r) = k\frac{q}{r^2} = \frac{1}{4\pi\varepsilon_0}\frac{q}{r^2} \tag{1}$$

ができる．その位置に別の電荷 q' を持ち込むと，この電場 $E(r)$ に比例する力 F を受ける．

$$F = q'E(r) \tag{2}$$

式 (1) の $E(r)$ を式 (2) に代入すればクーロンの法則そのものになる．つまりクーロンの法則を，E という記号を使って 2 つに分けたに過ぎないとも言える．しかし後でわかるように，この考え方は電磁気学に大きな発展をもたらした．

次に電場を図示することを考えるが，まず力の図示から始める．力には大きさばかりでなく方向がある．つまり力は大きさと方向をもつ量，すなわちベクトルである．電荷 q が原点にある場合，電荷 q' が受ける力の方向は，原点から

6.2 電場と電気力線

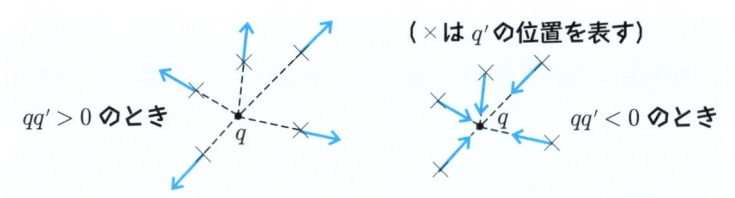

離れる方向である（q と q' が同符号のとき）．電荷 q' をさまざまな位置に置いたときの力の方向を下に図示する．このような場合に，力は放射状であるという．

（×は q' の位置を表す）

$qq' > 0$ のとき　　　　　$qq' < 0$ のとき

(注：上の図では矢印の長さを，力あるいは電場の大きさとは無関係に描いた)

式 (1) は E の大きさを表しているだけだが，電場にも方向を考える（電場もベクトルだと考える）．電場の向きとは，式 (1) で $q > 0$ だったら外向き，$q < 0$ だったら内向きとする．電場も放射状になり，上の図では $q > 0$ だったら左図，$q < 0$ だったら右図の矢印が，各位置での電場の方向も表している．方向まで考えたとき，式 (2) はベクトル E を q' 倍することを意味し，$q' > 0$ だったら F の向きは E と同じ，$q' < 0$ だったら F は E とは逆向きになる．

各点での電場の矢印をつなげた線を**電気力線**という．電場の方向が電気力線の方向でもある．ただし電気力線は，空間全体での電場の様子をわかりやすくするためのものに過ぎないことに注意．

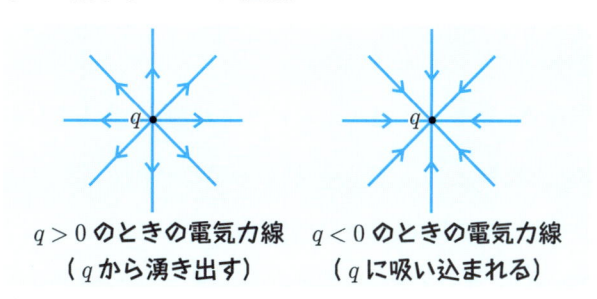

$q > 0$ のときの電気力線　　$q < 0$ のときの電気力線
（q から湧き出す）　　　　　（q に吸い込まれる）

同じ大きさの正負の電荷がずれた状態になっているものを**電気双極子**という．電気双極子 P，Q が作る電気力線を右に示す．各位置に置いた正電荷に，どちらの向きの力が働くかを考えれば，電場の向き（＝電気力線の向き）がわかるだろう．電気力線は，正電荷 P から湧き出し，負電荷 Q に吸い込まれる．

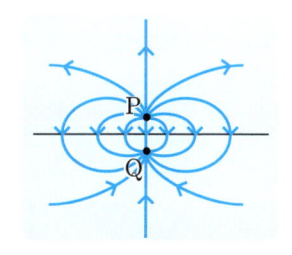

6.3 電気エネルギーと電位

前章では電気エネルギー（の消費）の公式を水流モデルとの類推で導いた．ここではクーロンの法則から出発して電気エネルギーの公式を導こう（3.6 項の万有引力のエネルギーの計算とほとんど変わらないが）．

状態のエネルギーとは，その状態を実現するために必要な仕事に等しい．ただしどの状態から出発するか決めておかなければならない．電荷 q を原点 O に置き，もう 1 つの電荷 q' が無限遠にある状態を出発点（エネルギーがゼロの状態）とする．そして q' をゆっくりと，q から距離 r の位置 A まで運んでくるための仕事を計算する．これが，2 つの電荷が距離 r だけ離れているときの，電気力による位置エネルギー（電気エネルギー）である．

電荷の符号はどちらでも式は同じになるのだが，電気力が反発力である場合を念頭に説明しよう（$qq' > 0$ のケース）．反発している電荷どうしを近づけるのだから，動く方向に力を加えなければならない．つまり力の方向と動かす方向は同じであり，したがって仕事（＝力×位置の変化）も，それによって生じる電気エネルギーもプラスになる．

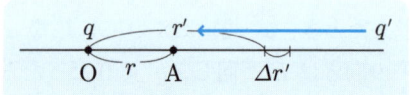

電荷 q' を無限遠から点 A まで運ぶ

近づける過程で，距離 $r' + \Delta r'$ から r' まで移動させるときに必要な仕事は

$$\text{仕事} = \text{力} \times \text{変位} = k\frac{qq'}{r'^2} \times \Delta r' = k\frac{qq'}{r'^2}\Delta r'$$

$\Delta r'$ は微小なので，その間では力は一定であるとしてよい．

この仕事を，$r' = \infty$（無限大）から $r' = r$ まで足し合わせるのだが，数学的には $k\frac{qq'}{r'^2}$ という関数を r から ∞ まで積分することになる．$\frac{1}{r^2}$ という関数を積分（不定積分）すると $-\frac{1}{r}$（＋積分定数）になることを使うと

> 距離 r 離れているときの電気エネルギー
> ＝無限遠から距離 r まで移動させるのに必要な仕事
> $= kqq' \int_r^\infty \frac{1}{r'^2} dr' = kqq' \left\{ \left(-\frac{1}{\infty}\right) - \left(-\frac{1}{r}\right) \right\} = k\frac{qq'}{r}$

(1)

ここでは $qq' > 0$ の場合を想定しているが，この結果は $qq' < 0$ でも通用する．その場合は電気エネルギーはマイナスになる．引き付け合っているので，無限に離れているときよりも，近づいているときのほうが，エネルギーが低い状態になっている（万有引力の位置エネルギーの場合も同じ）．

電位 次に電位という量を定義する．2点間の電位の差が 5.2 項で説明した電位差になるように定義する．電位差／電圧は V と書くが，電位は ϕ（ギリシャ文字のファイ）と書くのが習慣である．5.2 項で電圧とは，電荷 q' が $+1$ の場合の位置エネルギーの差に等しい量だと説明した．したがって，電荷 q（点状なので**点電荷**という）が，そこから r だけ離れた位置に作る電位とは，仮にそこに単位電荷（$q' = 1$）があった場合の電気エネルギーに等しいと考えればよい．それを $\phi(r)$ と書けば式 (1) より

$$\text{点電荷 } q \text{ によって生じる電位：} \quad \phi(r) = k\frac{q}{r} \tag{2}$$

電場が距離の 2 乗に反比例するのに対して，電位は距離自体に反比例する．重要なのは，$q > 0$ の場合は電荷に近づくほど電位が高くなり，電荷から遠ざかるほど電位は低くなる（ゼロに近づく）ということである．$q < 0$ の場合は逆に，近づくほど電位は低くなる（マイナスで絶対値は大きくなる）．

等電位面と電場の方向 点電荷を中心とする球面上では，r が一定なので電位は等しい．このように，電位が一定の面を**等電位面**という．点電荷の場合に等電位面と電気力線を描くと下図のようになる．図からわかるように，電気力線の方向（つまり電場の方向）は，等電位面に垂直である．空間が 2 次元，つまり面だとすれば，電位を山の高さ（$q < 0$ の場合は谷の深さ），等電位面（2 次元では等電位線）を等高線に対応させることができる．電場は斜面の傾きに対応する．つまり電位が減る方向が電場の方向である（力学で位置エネルギーの減る方向が力の方向であることと同じ）．

電気力線と等電位面は直交する

6.4 電池が作る電位

前項では，電荷が1つあるときに，その周囲にどのような電位が生じるかを導いた．これを使えば，電荷が1つだけあるときの，周囲の任意の2点間の電位差を求めることができる．

しかし現実の問題は，はるかに複雑である．たとえば電池の両極にはプラスの電荷とマイナスの電荷が貯まる（93ページの図参照）．これらの電荷は周囲にどのような電場と電位を作るだろうか．もし，両極に点電荷がどのように分布しているかがわかれば，それぞれの点電荷が作る電場や電位を計算し，それを足し合わせればよい．しかし実際の電池の場合，電荷の分布は複雑なので単純化して，プラスの点電荷とマイナスの点電荷が1つずつあるという状況を考えてみよう．6.2項最後に説明した電気双極子である．6.2項では電気力線だけ描いたが，それに電位一定の線を加えたもの（右図の破線）を右に再掲する．

等電位面の方向と電気力線の方向は直交する（地図の等高線と斜面の傾斜方向の関係と同じ）．そのことから右のような図になることは想像できるだろう．あるいは，電位は正電荷に近付くほど高くなり，負電荷に近づくほど低くなる（マイナスになる）ことを考えてもおおまかな形は想像できる．2電荷の中間の面（図では線）が 電位 = 0 の面になる．

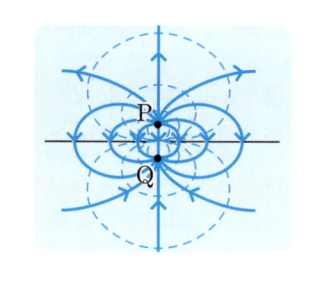

電池の場合はずっと複雑だが，基本的な傾向は同じである．正極で最も電位が高く，負極で最も電位が低い（ただし点電荷と違って電荷が1点に集中しているわけではないので $r = 0$ となり電位が無限大になることはない）．両極の電位の差が電池の電位差（電圧）であり，それは電池の能力（起電力）で決まっている．通常の乾電池では 1.5 V である．

回路　電池の周囲の電場や電位を電気双極子にたとえて説明した．確かに電池に何も回路をつないでいない状態では，それでおおまかなことはわかるが，回路をつなぐと事情が変わってくる．

各位置での電場の方向は，そこに置かれた電荷に働く電気力の方向，つまり

6.4 電池が作る電位

その電荷が動き出す方向である．しかし電池に導線をつないだ場合，導線内の電子は，左ページの図の電気力線の方向に動くのではなく，導線に沿って動く．電流は導線の中しか流れられない（導線から飛び出すことはできない）のだから当然だが．つまり電場（電気力線）は，導線がどのように曲がっていたとしても，導線の方向を向いているはずで，必ずしも左図のようにはなっていない．では左図の何が悪いのだろうか．

93ページですでに説明したことだが，電池に回路をつなぐと電極に貯まっていた電荷は流れ出す．それは電流として反対側の電極まで流れるが，流れ始めの瞬間は，その一部は導線のどこかの表面にとどまる（**表面電荷**という）．そして電極付近の電荷，導線の表面電荷すべての影響を足し合わせたものが，回路に生じる電場や電位になる．

このように考えると非常に複雑な現象が起きているように感じるだろうが（そして実際にそうなのだが），5.6項などで回路の問題を考えるときに，それほど面倒なことを議論する必要はなかった．そうなる理由は，下の図にも示したように，**電極や回路のあちこちに電荷が非常に複雑に分布することで，結果として導線内には非常に単純な電場ができる**からである．

話を簡単にするために，材質も太さも均一な，ある抵抗をもつ導線で電池の両極をつないだとしよう．つないだ瞬間は各場所で電場の大きさは異なるので，流れ出す電流の大きさも場所によって異なる．その結果として，ある場所には電子が過剰となり，ある場所では電子が過少になる（導体に表面電荷が生じる）．その結果として電場の大きさが各場所でうまく調整され，導線全体で一定の電流が流れ，表面電荷の分布も一定のものになる．これが第5章で扱った，回路に電流が流れている状態なのである．

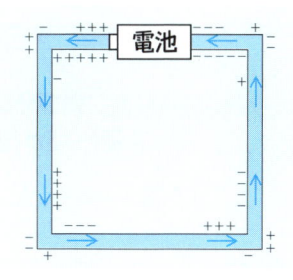

導線表面に電荷が複雑に分布し導線に沿って一定の電場ができる

6.5 磁気力と磁場

鉄鉱石の一種である磁鉄鉱は，鉄を引き付けることが昔から知られていた．天然の永久磁石である．磁石間の力，あるいは磁石が鉄を引き付ける力を，(電気力と対照させて)**磁気力**と呼ぶことにする．またこの種類の現象を一般に**磁気現象**と呼ぶ．

磁石には，力がもっとも強い部分(**磁極**)が両端にあり，**N極**，**S極**と呼ばれる．同じ極は反発し合い，異なる極は引き付け合う．このことから，電荷に正負があるのと同様に，正負2種類の**磁荷**が存在するのではと想像された．

電荷間の力に対してクーロンの法則というものを提案したクーロンは，棒磁石についても同様の実験をし，磁荷のクーロンの法則というものも提案した．磁荷間の力はその距離の2乗に反比例するという，電荷の場合と同じ形の法則であった．

「磁極」という言葉と，「磁荷」という言葉を使い分けていることに注意していただきたい．磁極とは単に，磁気力が一番強くなる位置を指し，そこに何かがあるのか，ないのかは問題にしていない．クーロンはその位置に，磁荷というものが存在すると考えた．

しかしこのような考え方には問題があることがわかった．2種の極があるという点では磁気と電気は似ているが，大きく異なる部分がある．電気の場合，正あるいは負に帯電した物体(あるいは粒子)が存在する．しかし磁気の場合，全体としてN極，あるいはS極になっているという物体は存在しない．N極とS極は必ずセットで現れる．磁石を分割すれば，分割した部分には必ず，N極とS極が新たに発生し，一方の極だけを分離することはできない．つまり，N極のみ，あるいはS極のみという性質をもつ単独のもの(粒子)は存在しないのではないかと想像された．ではN極とかS極とは何なのだろうか．

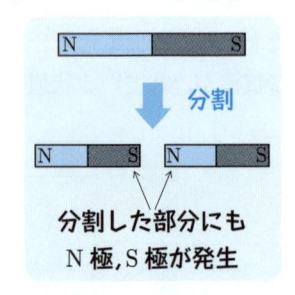

6.5 磁気力と磁場

電流の磁気現象 そのような疑問があるときに（19世紀初頭），まったく新しい磁気現象が発見された．電流に磁石が反応するという現象である．電池というものが発明され電流を使った実験ができるようになって可能になった発見である．

それによれば，電流の周囲に小さな方位磁石を置くと，方位磁石は向きを変える．たとえば鉛直に立てた導線に電流を流し，それと直交する水平面上に方位磁石を置くと，方位磁石は電流を中心とした円周方向に向く（電流が弱いと地磁気の影響が勝って必ずしもそうはならないが）．電流が磁気現象をもたらしている．

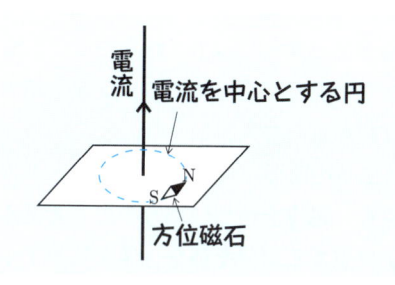

方位磁石1つだけでは全体像が見えにくい．そこで水平面上に鉄粉をまき，面をつらぬいている導線に電流を流して，鉄粉が描く模様を観察してみよう．いくつかの例を図示する（導線を円形の筒状に巻いたコイルを**ソレノイド**という）．

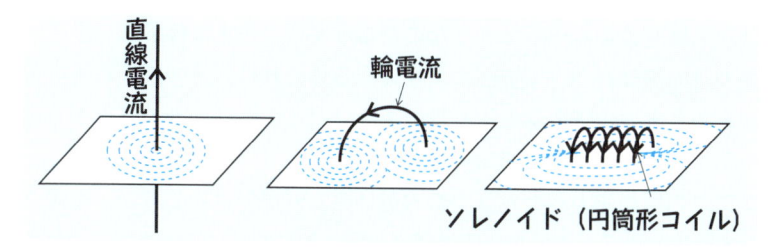

鉄粉の向きをつなげてできる線を**磁力線**と呼ぶ．電気での電気力線に対応するものである．電気力線は，電荷に働く力の方向（電場の方向）を結んだ線であった．鉄粉の場合も同様に考えられる．磁石あるいは電流の周囲にまかれた鉄粉は，その影響でそれ自体が小磁石になる（**磁化**という）．その小磁石のN極とS極が反対側に引っ張られ，鉄粉の向きが決まる．つまり磁力線とは，磁

極が引っ張られる方向を向く線ということになり，電荷と電気力線の関係に対応することがわかるだろう．

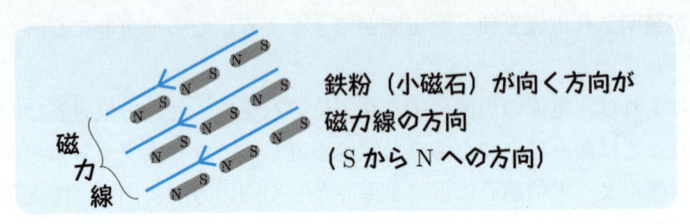

鉄粉（小磁石）が向く方向が磁力線の方向
（SからNへの方向）

そして磁力線の方向についていえば，前ページの図からわかる磁力線はみな，「電流を軸として渦巻く」と考えれば理解できる．直線電流の場合は文字通り渦巻いているが，輪電流（詳しくは 6.7 項）でも，1 本の磁力線をたどっていくと，電流のまわりを 1 周して戻ってくる．ソレノイドの場合は，輪電流を並べたものと考えればわかるだろう．

電流の磁場と永久磁石の磁場　電気力線は，ベクトルである電場をつなげたものである．磁力線も，**磁場**をつなげたものだと考える．つまり電流があるとその周囲には磁場が発生するが，その全体像を見やすくしたものが磁力線である（**磁界**あるいは**磁束密度**という用語もあるが，ここでは磁場で統一する）．

電場と磁場の発生メカニズムは大きく異なる．電場は正電荷から湧き出し，負電荷に吸い込まれる．一方，磁場は電流のまわりに渦巻くように発生する（ただし 6.11 項では渦巻く電場もあることを説明するが）．

では永久磁石による磁場はどうなのだろうか．たとえば棒磁石の場合，磁石外部での磁力線は右ページの図のようになる．これは，棒の両端に正電荷と負電荷があるときの電気力線と同じ形であり，だとすれば両端の磁荷から磁場が湧き出しているとはみなせないのだろうか．

確かにこの図の磁力線と電気力線の形は磁石外部では同じだが，電流だけからできているソレノイドでもその外部では同じ形になる（右ページ 3 つ目の図）．ソレノイドでは，磁力線は磁極から湧き出しているのではなく，内部を通って渦巻いている．結局，磁場に湧き出しがあるのかないのかを判断するには，磁石内部で磁場がどうなっているかを考えなければならない（**磁束線**という言葉も使って 2 つのタイプの線を両方考えることもあるが，この本では磁力線という用語のみで話を進める）．

6.5 磁気力と磁場

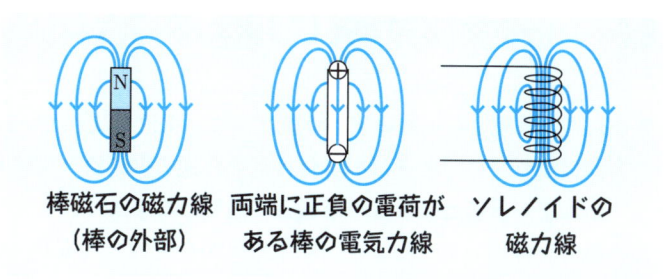

棒磁石の磁力線 (棒の外部) / **両端に正負の電荷がある棒の電気力線** / **ソレノイドの磁力線**

　この問題が面倒なのは，永久磁石による磁場の起源が，電流でも磁荷でもないことである．20世紀になってからわかったことだが，電子は電荷がマイナスであるという性質の他に，**スピン**という性質をもつ．スピンとは自転といった意味であり，球である電子がくるくる回っているといった絵を描くこともある．しかしこれは正しい表現ではない．電子は大きさをもっていないとみなされているので，スピンは直観的なイメージでの自転ではなく，量子論（第7章参照）で考えて初めて理解できる量である．スピンは磁荷ではなく，従来の意味での（つまり電荷の運動という意味での）電流でもない．

　しかし量子論でのスピンの効果を，拡張された意味での電流として表現することができる．その意味では磁石による磁場も，ソレノイドのようなもの，つまりどこからも湧き出しておらず，中を通って渦巻いていると考えた方が，ミクロな見方（量子論的な見方）とは整合的である．といっても，仮想的な磁荷を導入して磁石を考えることも，その適用限界に注意さえすれば，かえって直観的にわかりやすいこともある．そして実際，両方の見方が場合に応じて使われている．

　というわけで，磁石まで考えるといろいろ複雑なことがあるのだが，この本ではまず，電流間で起こる現象を磁気現象の基本として考える．磁石の性質を考える場合には，たとえば棒磁石だったらソレノイドに置き換えて，電流として考えることにする．こうすれば，電流の周囲に置かれた磁石の向きについても，電流間の相互作用として分析することができる．

6.6 磁気現象の基本法則

平行に置かれた，無限に長い直線状の導線2本に，電流が流れているとする．電流が同じ方向に流れているときは引き付け合い，逆方向に流れているときは反発し合う．これを，磁場というものを通して説明してみよう．

まず片方の電流だけあったとしよう．前項の説明を受け入れると，その電流によって，その周囲には磁場が渦巻くことになる．ただ渦巻くといっても右巻きと左巻きの2通りある．どちらであるかは置いた方位磁石の向きでわかるが，電流の方向によって反対になり，「電流が流れる方向を向いて右回り」である．

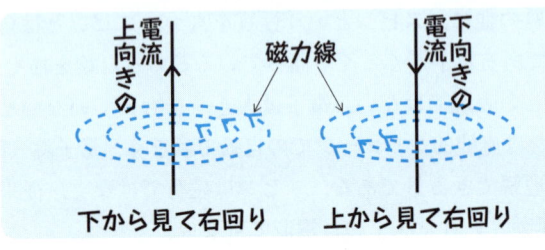

次に，磁場が生じたところに別の電流をもってくる．その電流は磁場から力（磁気力）を受けるが，電流，磁場，そして力の3つの方向の関係が問題になる．

2つの電流が同じ向きに流れているケースを図示した．A点に着目しよう．電流は上向き，磁場は紙面の裏向きであり，（電流は引き合っているのだから）力は左向きである．3つの方向を取り出すと右側の図になる．

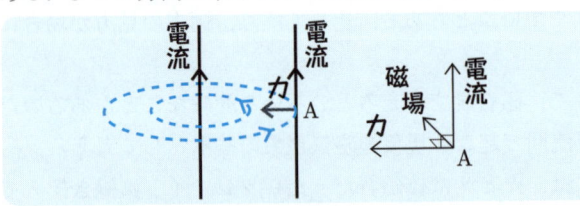

> **課題** 上の話で，もし後からもってくる電流が下向きだったら，電流は（逆方向なので）反発し合い，力は右向きである．このとき，電流，磁場，力の3つの方向を取り出した図を描け．3つの方向の関係は，電流上向きのケースと同じであることを説明せよ．

6.6 磁気現象の基本法則

解答 3つの方向を取り出すと，右側の図になる．

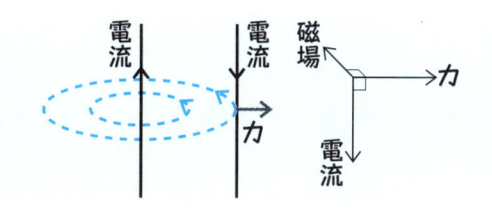

この図で，磁場の方向を軸として電流の方向を上向きに180度回転させると，力の方向も180度回転して左向きになり，前ページの下の図と同じになる．

電流と磁場と力の向きの関係がどのように表現できるか考えてみよう．力（磁気力）は電流にも磁場にも垂直である．つまり電流と磁場という2つのベクトルで決まる平面を考え，その平面に垂直な方向が磁気力の方向である．平面に垂直といっても表裏2つ方向があるが，よく知られた覚え方が2つある．

1. **右ねじの法則** 電流から磁場の方向へと右ねじを回したときにねじが進む方向が磁気力の方向（右ねじとは我々が日常で使う普通のねじのこと．ねじの溝を逆回りに付けると左ねじになる）．

2. **フレミングの左手の法則** 左手の中指を電流，人差し指を磁場の方向に向けたときに，それらに対して垂直方向に向けた親指が向いた方向が力の方向，電・磁・力という順番に指に割り振る（フレミングとはこの覚え方を自分の本に書いた人の名前）．

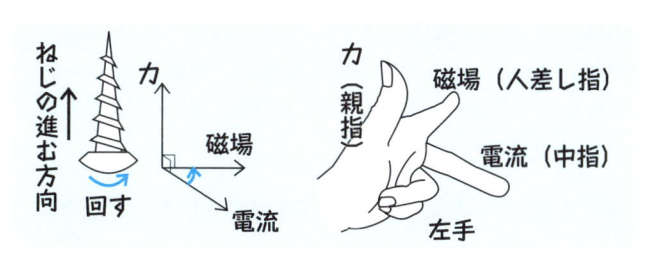

磁気力は常に電流にも磁場にも垂直だが，電流は斜め方向に置くこともできるのだから，電流と磁場は垂直とは限らない．電流と磁場の角度が小さくなると磁気力も減り，平行（角度0）だと磁気力もゼロになるが，詳しくは6.9項参照．

6.7 磁石の性質の電流による説明

6.5 項では，棒磁石を電流で表現すればソレノイドに対応すると説明した．しかしソレノイドは導線を何度も巻いたものなので，より基本的なものとして，1つだけの円または四角形の電流を考える．これを一般に**輪電流**と呼ぶ．何か電源が付いていて電流が流れていると考えてもいいし，抵抗がゼロなので，何らかの理由で流れ始めた電流がそのまま永久に流れていると考えてもいい．

輪電流はその形から，板磁石に対応させることができる．それを下の図に示したが，重要なのは板磁石のN極，S極と，輪電流での電流の向きとの関係である．板磁石では磁力線はN極から外に出て，外を回って下からS極に戻る．一方，輪電流では，電流の方向を向いたとき磁場は右回りに渦巻くという原則から，電流の向きが下の図のような場合（⟶ の部分が手前），磁力線は上に出て外を回って下から戻ってくることがわかる．つまり下の図の板磁石と輪電流が，同じ磁場を作るという意味で対応する．板磁石のN極とS極をひっくり返せば，対応する輪電流の向きも逆にしなければならない．

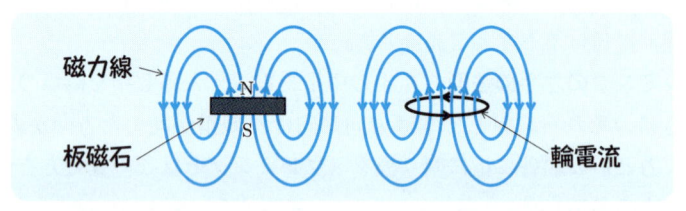

次に，方位磁石はなぜ北を向くのか，という問題を輪電流を使って考えてみよう．N極が北を向くのだから，地球の北極にはS極があることになる．南極にはN極があり，したがって地表上の磁力線は，南から北に向いている．

2つの状況を考えよう．

> 状況1：　方位磁石のN極を北向きに置いた場合
> 状況2：　方位磁石のN極を東向きに置いた場合

ここでは方位磁石を，正方形の輪電流として考える．辺ごとに力の向きを考えよう．各辺で電流の方向，磁場の方向を考え，前項の法則を使って力の方向を決める．

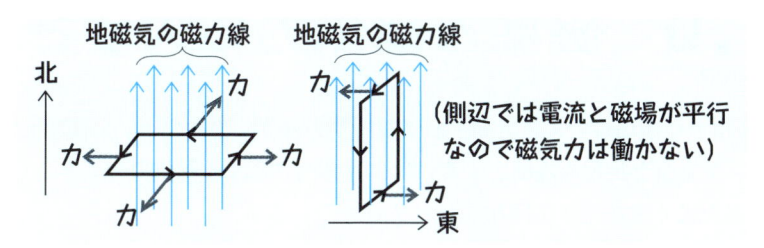

6.7 磁石の性質の電流による説明

状況1の場合，各辺に働く力はすべて外向きである．つまり力はつり合って，合力はゼロ，つまり輪電流（＝方位磁石）は動かない．

一方，状況2では，全体を回転させるように磁気力が働く．状況1や状況2で電流を逆向きに流したらどうなるかも考えていただきたい．

上の2例では輪電流は向きを変えることはあっても，どちらかに引き付けられるということはない．これは磁力線を南北に平行に描いたからである．北極も南極も非常に遠方なので，狭い範囲では磁力線は平行であるとみなしていいだろう．

しかし2つの磁石の引き付け合い，あるいは反発を考えるときには，磁極は近くにあるとしなければならず，磁力線はもはや平行ではない．たとえば，板磁石のN極が棒磁石のS極に引き付けられることを示す場合，棒磁石の磁力線は下の図のように末広がりになる．そこに正方形の輪電流を水平に置くと，各辺に働く力（電流にも磁力線にも垂直）は斜め上向きになり，その合力は上向きになる．これによって，磁石のN極とS極が引き付け合うことが，電流に対する前項の基本法則から示されたことになる．

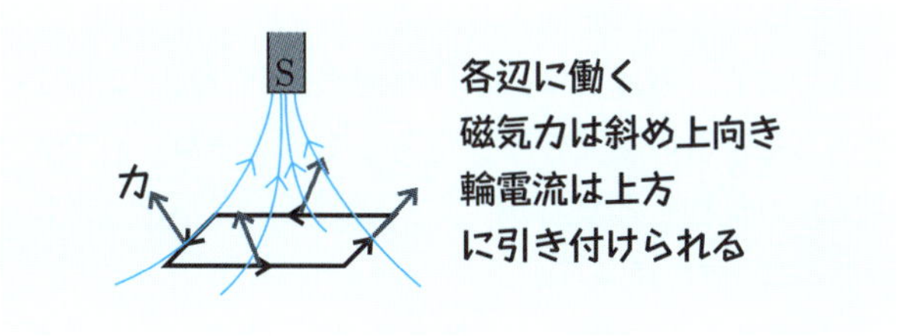

6.8 磁場と磁気力の大きさ

6.6項では磁場ができる方向,および磁気力が働く方向について説明したが,それらを完全な物理の法則とするには,具体的に磁場や磁気力の大きさを決める法則を式で書き表さなければならない.

電気力の場合,まず電荷間の力の法則を書き(クーロンの法則),それを,電場を与える法則と,電場が電荷に力を及ぼす法則($F = qE$)の2つに分けた(6.2項).磁気力でも,まず平行電流間の力の法則を書くことから始めよう.

2本の無限に長い平行な直線電流があり,流れている電流をそれぞれ I_1 および I_2 とする.電荷間の電気力は距離の2乗に反比例したが,このような電流間に働く磁気力はその間の距離自体に反比例する(無限の直線上に電荷が一様に分布している場合にも,それによる電場の強さは距離自体に反比例する).

また,電流間の力は,それぞれの電流の大きさにも比例するだろう.そこで,各電流の長さ l 当たりに働く力を

$$F = \frac{\mu_0}{2\pi} \frac{I_1 I_2}{r} l \qquad (1)$$

と書く.作用・反作用の法則があるので,どちらの電流でもこの式は変わらない.$\frac{\mu_0}{2\pi}$ はここで導入した比例係数である.

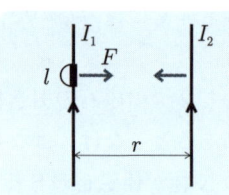

平行電流間に働く力
・距離 r に反比例
・各電流の大きさに比例

比例係数の値は,この式に登場する量にどのような単位を使うかによって変わる.力や長さの単位はそれぞれ N(ニュートン)と m を使うことにして,問題は電流の単位である.電流とは,単位時間当たり(たとえば1s当たり)に,ある場所を通過した電荷の量なので,電荷を C(クーロン)で表せば電流の単位は C/s(クーロン毎秒)となるが,クーロンという単位は逆に,電流の単位を使って定義されていた(5.5項).

5.5項でも少し触れたが,現在の国際的な慣習では,まず電流の単位を直線電流間の力から定義し,それから電荷の単位を決めることになっている.具体的には,電流の単位を A(アンペア)と書き,それを次のように定義する.

> **アンペアの定義:**
> 2本の,無限に長い平行な直線が1m離れて置かれており,両方に同じ大きさの電流が流れているとする.その直線の1m当たりに働く力が2×10^{-7}Nであるときの各電流の大きさを1Aとする.

> **課題** 上の定義から,式(1)の比例係数 $\frac{\mu_0}{2\pi}$ の値を求めよ.
> **解答** 定義の条件を式(1)に入れる.$F=2\times 10^{-7}$N, $I_1=I_2=1$A, $r=1$m, $l=1$m を代入すると
> $$2\times 10^{-7}\,\text{N} = \frac{\mu_0}{2\pi} \times (1\,\text{A})^2$$
> より
> $$\frac{\mu_0}{2\pi} = 2\times 10^{-7}\,\text{N/A}^2 \tag{2}$$

上の定義で力の大きさにわざわざ10^{-7}という小さな数を持ち出したのは,このようにしてA(アンペア)という単位を定義すると,1Aが,通常使われる電流の大きさ程度になるからである.磁気力は電気力に比べるとかなり小さい.

6.6項で示したように,式(1)の力はI_1が作る渦状の磁場がI_2に及ぼす力である(あるいはその逆).そこで,電流I_1によってその周囲に生じる磁場をBと書き,その磁場によって電流I_2の長さl当たりに働く力をFとすると,

$$I_1\text{による磁場} \quad : \quad B = \frac{\mu_0}{2\pi}\frac{I_1}{r} \tag{3}$$

$$I_2\text{の長さ}l\text{当たりに働く力}: \quad F = I_2 B l \tag{4}$$

と分けられる.I_1に働く力は,この式でI_1とI_2を入れ替えればよい.

ただし上の2つの式は特殊なケースに過ぎない.たとえば式(3)は電流から磁場を求める法則だが,直線電流の場合に限る.一般に電流が流れる導線は曲がっている.このような状況でも使えるのがビオ-サバールの法則だが,ここではその解説は省略する.また式(4)は磁気力を与える法則だが,磁場Bと電流I_2が垂直な場合に限る.角度θの場合には,式(4)は$I_2Bl\sin\theta$となるが,詳しくは次項参照.

6.9 磁気力（ローレンツ力）

前項では，磁場が電流に及ぼす力を説明した．しかし電流とは電荷の流れである．つまり，動く電荷に対して磁場が及ぼす力が，より基本的な量であり，それに基づき，磁場が電流に及ぼす力も導けるはずである．

磁場 B が存在する空間を，電荷 q が速度 v で動いているとしよう．前項では電流と磁場の方向が直交している場合を扱い，力はそのどちらにも直交する方向を向くと説明した．そして力の大きさは $F = IBl$ であると述べた（B や v はベクトルである磁場と速度の大きさを表す）．

この結果を導くには，電荷 q の速度 v と磁場 B が直交している場合，力はそのどちらにも垂直であり，磁気力の大きさは

$$F = qvB$$

とすればよい．導線に電荷 q の粒子が単位長さ当たり n 個含まれ，すべてが速度 v で動いているとすれば，長さ l 当たりに働く力は $F = qvB \times (nl)$ だが，そのときは電流は $I = qnv$ なので，$F = IBl$ という前項の式と一致する．

力はどちらにも垂直な方向だといったが，垂直といっても 2 方向ある．$q > 0$ の場合には，速度から磁場へと右ねじを回したときにねじが進む方向であり，$q < 0$ では逆になる．

速度 v と磁場 B が必ずしも直交していない一般的な状況での磁気力（ローレンツ力ともいう）も，そのどちらにも垂直な方向である．速度と磁場の角度を θ とすると，その大きさは

一般の磁気力（ローレンツ力）： $F = qvB\sin\theta$

となる．また速度と磁場が平行ならば，どちらにも垂直といっても方向が決まらないが，そのときは $\sin\theta = 0$ なので，もともと力は発生しない．

6.9 磁気力（ローレンツ力）

磁気力による起電力　磁気力を利用して電位差を発生させる原理を説明しよう．発電である．

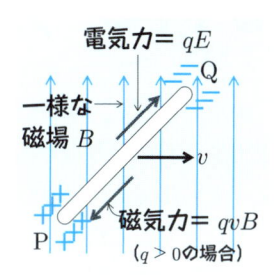

上向きの一様な磁場があったとする．そこに1本の導体の棒を水平に置き，横方向に動かす．棒は最初は磁場のない領域を動いており，ある時点で，一様な磁場がある領域に入ったと考える．

棒が速度 v で動くと，その中にある自由電子もその方向に速度 v で動く．自由電子の電荷を q とすると，電子は磁場が存在する領域に入った瞬間に，図の P 方向に qvB の磁気力を受け，その方向に移動する（ただし電子の電荷 q はマイナスなので，電子自体は $-$P 方向つまり Q 方向に動くが，プラスの電荷をもった粒子が P 方向に動くと考えたほうがわかりやすい．いずれにしろ電流の流れる方向は Q から P である）．結局，P 付近にはプラス，Q 付近にはマイナスの電荷が貯まり，P から Q に向かう電場 E ができる．それによる電気力 qE と磁気力 qvB がつり合って電子の動きは止まる．これは電池の両極に電荷が貯まっている状況と同じである．つまり磁場内を動く導体棒は起電力をもつ．

棒の両端に生じた電位差を利用するには，両端に何かをつながなければならない．それには，棒が（理想的にはまったく抵抗がない）導体でできた2本のレールの上に転がっていると考えるとよい．レール間には，棒の起電力により電位差が生じるので，そこに回路（たとえば豆電球）をつなげば電流が流れる．回路に電流を流す力は，磁気力ではなく，棒の両端に生じた電位差による電気力であることに注意（もちろん電気力が発生した原因は磁気力である）．

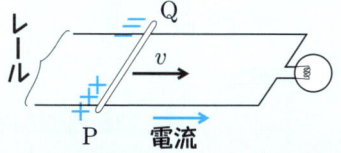

P と Q に電荷が貯まり電位差ができることでレールに電流が流れる

6.10 発電機とモーター

前項の装置で，回路をつなぐと両端に貯まっていた電荷は流れてしまうが，棒が速度 v で転がり続ける限り，失われた電荷は磁気力によって補給される．貯まっている電荷の総量は常に一定で，棒の両端の電位差も一定に保たれる．

といってもこれは，「棒が速度 v で転がり続ける限り」という前提での話である．実際には，回路に電流が流れだすと電荷は（導体棒が転がる方向ばかりでなく）導体棒の方向（PQ 方向）にも動く．これによる新たな磁気力は，棒の転がる方向と反対方向で，棒にブレーキをかけるように働く．したがって，「棒を速度 v で転がし続ける」ためには，常に棒を手で，あるいは何かで押していなければならない．「この力」がする仕事により，回路には電流が流れ続け，電気エネルギーが発生し続けるのである．この発電装置のエネルギー源は「この力」であり，磁気力ではない．この力がする仕事は，回路で消費される電気エネルギーに等しい．

この原理で発電を続けるには，無限に長いレールが必要になってしまう．実用的な発電機にするために，棒を同じ場所で動かし続ける，つまり 1 か所で回転させることを考えよう．

下の図の状況を説明する．上方向を向く一様な磁場 B があるとする．その中で，長方形の導線（方形コイル）を回転させる．コイルは a, b の場所で途切れ，導線は外に延びている（あとでここに回路をつなぐ）．

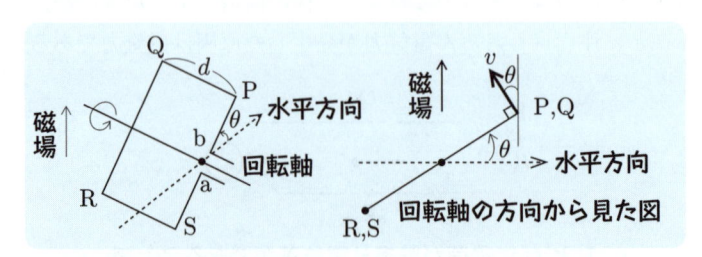

このコイルを回転軸の方向から見た図が右の図である．コイルの両側の辺（PQ と RS）の速度を v（一定），各時刻でのコイル面の水平面に対する角度を θ とする．これらの辺の動く方向と磁場の方向との角度も θ になる．

課題 左ページの図の状況（$0 < \theta < \pi$（180°））で，コイルの各辺ではどちら側が高電位になるかも示せ．コイル全体としての ab 間の起電力はどうなるか，どちらが高くなるか．

考え方 正電荷だったらどちらに動くかを考えればよい．その方向に正電荷がたまるので，そちらが高電位になる．

解答 PQ 間： 左上向きに動いているので，右ねじの法則により（正電荷に対する）磁気力は P から Q に向く．つまり Q が高電位．

QR 間： 磁気力は導線と直角なので導線内の電荷を動かす力にはならない．つまり電位差はない．

RS 間： 右下向きに動いているので，右ねじの法則により S が高電位．

Sa 間，Pb 間： QR 間と同じ理由で電位差はない．

全体としては，a を正極，b を負極とする電源となる．電位差は $\sin\theta$ に比例して変動する．$\pi < \theta < 2\pi$ の場合は向きが逆転する．

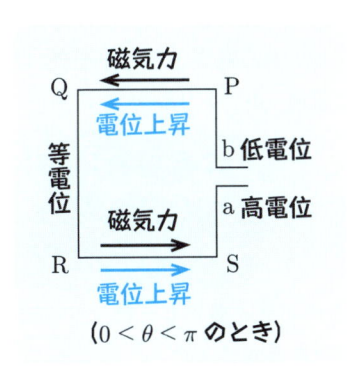

いずれにしろ ab 間に起電力が生じるので，ここに回路をつなげば電流を取り出すことができる．ただし前項の例と同様に，電流が流れると今度は，コイルの回転にブレーキをかける方向にも磁気力が発生するので，回転させ続けるためには，何らかの力が必要である．これを水力，火力（水を熱して発生させる水蒸気の力）あるいはその他の力で行うのが発電機である．

このような発電機は，コイルを何らかの力で回転させて電気エネルギーを発生させるものだが，逆に使うと，電気エネルギーによってコイルを回転させることができる．つまり ab 間に電池などの電源をつなぎコイルに電流を流す．すると発生する磁気力により，コイルが回転する．これがモーターに他ならない．

6.11 電磁誘導

これまでは，電流によって生じる磁気現象を説明した．このような現象があるのならば，逆に磁石によって電気現象が発生するのではないかと考えた人がいた．ファラデーである．そして彼は，**電磁誘導**という現象を発見した．

たとえばコイルに，棒磁石を近づけたり遠ざけたりすると，コイルの両端に電位差が生じる（電圧計をつなぐことによってわかる）．棒磁石を動かしたときにのみ電位差が発生し，また近づけるときと遠ざけるときで，電位差の正負が逆になる．

電位差を発生させる作用のことを一般に，起電力というと説明した（5.2項）．電磁誘導での起電力の原因については次項で考えることにして，この項ではまず，起電力の大きさを決める法則（**電磁誘導の法則**）を説明しよう．

この法則は**磁束**という量を使って表される．まず磁束について説明する．磁束は通常，Φ（ギリシャ文字ファイの大文字）と書き，次のように定義される．

> **磁束の定義：**
> 閉じた曲線 C をつらぬく磁束 Φ
> ＝ C で囲まれた面をつらぬく磁場 B の総量

「面をつらぬく磁場」とは，下の図に示したように，面上での磁場の，面に垂直な成分を意味する．

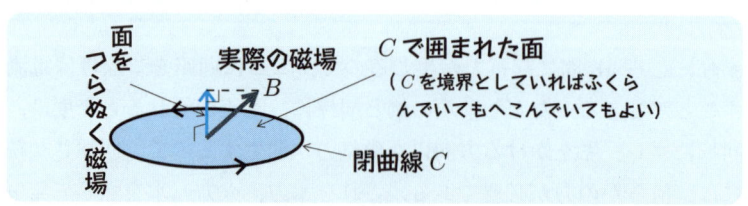

次に，磁束を使って電磁誘導の法則を書き表そう．この法則は，右ページ上の図のような1か所（図の ab 間）だけ途切れた1巻きのコイルを考えるとわかりやすい（前項の磁気力による起電力の話に似る）．そのときの法則は，コイルをつらぬく磁束 Φ が変化したときに ab 間に発生する起電力 $\mathcal{E}$（**誘導起電力**という）を与える．

6.11 電磁誘導

> 電磁誘導の法則:
>
> 磁束の変化率 = −誘導起電力 (1)
>
> $\left(\dfrac{d\Phi}{dt} = -\mathcal{E}\right)$

正負の決め方は次の通り．まず曲線（コイル）C の向きを決める．そしてこの向きが左回りに見える側を面の表側とする．そして，磁場が裏から表につらぬいているときに磁束はプラスであるとする．

また誘導起電力の符号は，起電力の作用によって C の向きに電流が流れる（その結果，右下図の a 側に正電荷，b 側には負電荷が貯まり a 側が高電位になる）とき，プラスであるとする．そのときの ab 間の電位差が起電力の大きさである．

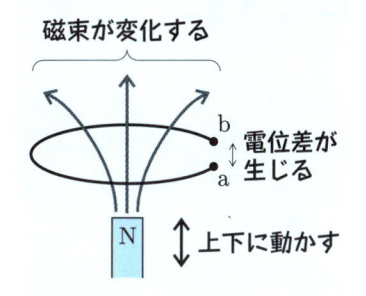

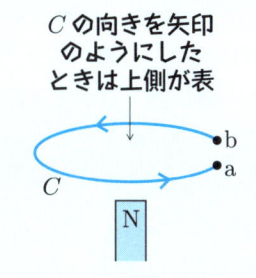

> **課題** 上図で磁石の N 極を下から近づけたとき，a, b のどちらが高電位になるか．
>
> **解答** 上図のように C の向きを決めた場合には上側が表．磁石の N 極を下から近づけると，C を裏から表へつらぬく磁場（プラスの磁場）が増える．したがって式 (1) の左辺はプラスである．ゆえに右辺の起電力はマイナスになり，電流が C と逆方向に流れ，b 側に正電荷が貯まって高電位になる．

少し面倒な話だが，「輪は，近づく磁石を反発する向きの電磁石になる」と覚えるとよい．実際，下から近づく N 極を反発するには輪電流は下側が N 極の電磁石になればいいが，そのためには，a から b に（C とは逆向きに）電流が流れればいい．「電流は磁場（磁束）の変化を弱める方向に流れる」と考えてもよい．a から b に電流が流れれば輪内には下向きの磁場ができ，近づく磁石による磁場の増加を弱める．これを**レンツの法則**と呼ぶこともある．

6.12 磁気力による起電力との違い

　前項では，コイルに磁石を近づけるという話をした．では逆に，磁石は静止しており，コイルを上から磁石に近づけたらどうなるだろうか．これは，6.9 項あるいは 6.10 項で議論した磁気力（ローレンツ力）の問題になる．コイルを下に動かすと，その中の電荷も下に動く．正電荷だったら右図に示した方向に磁気力が働くから，その方向を向く起電力が発生したことになる．

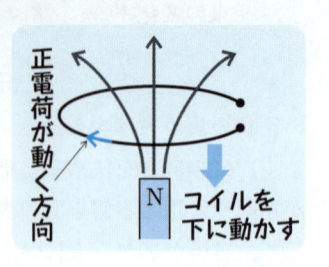

　この状況は，前項の，コイルは動かさずに磁石を上に動かすという状況を，磁石と一緒に動く（つまり磁石が止まって見える）別の観測者が見ているだけである．物理現象としては同じものなので，発生する起電力の大きさも同じでなければならない．コイルの断点をつなげたときに流れる電流も同じでなければならない．したがって，前項式 (1) も成立する．実際，上図でコイルを下に動かせば磁石に近付くので，コイルをつらぬく磁束は増え，それを計算すれば前項式 (1) から起電力が計算できる．ここでは詳しい計算はしないが，6.9 項，6.10 項でのように磁気力を使って計算する起電力と一致する．

　注意　上図の問題ばかりでなく，6.9 項で考えたレールと豆電球の回路，あるいは 6.10 項で考えた回転するコイルの回路でも，それをつらぬく磁束の変化率を計算することで起電力を計算することができ，その結果は磁気力による計算結果と一致する．○

　このような，磁場は変化しなくても回路のほうが移動あるいは変化することで起電力が生じる現象も電磁誘導と呼ばれ，同じ式が成り立つのだが，起電力発生の原理は違う．どのように違うのかを考えてみよう．

導体（回路）を動かしたときの電磁誘導：（上の例）
Φ の変化は，回路が動くことによる変化である．磁場のある場所で導体が動くので，磁気力が働いて電荷が移動し，正負の電荷分布が生じて電位差が発生する．つまり磁気力が起電力の原因である．

6.12 磁気力による起電力との違い

磁場の源（磁石など）を動かしたときの電磁誘導： (前項の例)
前項式 (1) で，Φ の変化は磁場が変わることによる変化である．コイルのほうは静止しているので，その中の電荷は最初（磁場が変わり始めたとき）は動いていない（$v=0$）．したがって起電力の原因は磁気力ではありえない．$v=0$ でも電荷がコイルに沿って移動し始める（電流が流れだす）のだとすれば，電気力が働いたと考えざるをえない．つまり電場が発生していることになる．だとすれば起電力の原因は，この電場である．

このようにして生じた電場は渦巻いている．電場，磁場という言葉を使って前項の現象を説明すれば，前項式 (1) は，磁場が変化するとき，磁場の変化の方向を軸として渦巻く電場が発生し起電力になるという関係を表している．

このように，磁場が変化しているときに生じる電場を**誘導電場**という．それと区別する意味で，クーロンの法則で表される電場（つまり電荷から湧き出す電場）を**クーロン電場**という．といっても電場に変わりがあるわけではなく，その発生源の違いを表す言葉である．

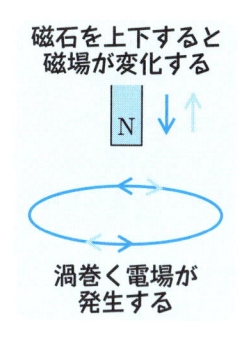

誘導磁場 磁場が変化して電場が生じるならば，電場が変化して磁場が生じるという現象もあるはずだとマクスウェルは考えた．それが理論的にも自然であるという議論をした．そして電磁気学を完成させる．それによれば

> A. 電場は，電荷が存在するか，または磁場が変化する場合に生じる．
> B. 磁場は，電流が存在するか，または電場が変化する場合に生じる．

となる．そしてこれらをまとめたマクスウェルの方程式というものを提唱する．これが**マクスウェルの理論**であり，量子論登場以前の電磁気学の完成版となる．

マクスウェルの理論からは 20 世紀の我々にとって重大な予言がなされた．電磁波の存在である．彼は，電荷も電流もない真空中を，電場と磁場が互いに誘導し合って波のような形で伝わることが可能であることを計算で示し，光もその一種（ある波長をもったもの）であると主張した．電磁波の存在は彼の死後すぐにヘルツによって確かめられ，20 世紀の科学技術の 1 つの土台となった．

第6章 電磁気の法則

● 章のまとめ

- **クーロンの法則** 2つの電荷の間に働く電気力の大きさは距離の2乗に反比例し，各電荷の電気量の積に比例する．
- **電場** 電荷の周囲の空間の各点に生じる性質（場）．
  電場のクーロンの法則： 点電荷の周囲には，そこからの距離の2乗に反比例し，その電荷の電気量に比例する放射状の電場が生じる．
  点電荷 q' がその位置の電場 E から受ける電気力： $F = q'E$
- **電気力線** 各点での電場の方向をつなげた線．
- **電気双極子** 大きさが同じ正電荷と負電荷が並んだ状態．
- **電気力線と電荷** 電気力線は正電荷から出ていき，負電荷に入る．
- **電位と電荷** 正電荷に近付くと電位は高くなり，負電荷に近付くと電位は低くなる（マイナスになる）．
- **導線内にできる電場** 導線内では導線に沿って電場ができる（したがって電流は導線に沿って流れる）．
- **磁極と磁荷** 磁石で磁気力が強くなっている場所が磁極（N極とS極）．ただしそこに磁荷というものがあるわけではない（磁荷は存在しない）．
- **磁力線** 各点の磁場の方向をつなげた線．
- **電流と磁力線** 磁力線は電流のまわりを渦巻くようにできる．
- **電流が磁場から受ける磁気力の方向**
  1. 右ねじの法則： 電流から磁場の方向へと右ねじを回したときにねじが進む方向．
  2. フレミングの左手の法則： 左手の中指を電流，人差し指を磁場の方向に向けたときに，親指が向いた方向．
- **動く電荷に働く磁気力（ローレンツ力）**
  $F = qvB\sin\theta$ ・・・ 磁場中で導体を動かすと磁気力が起電力となる．
- **磁束**
  閉じた曲線 C をつらぬく磁束 $\Phi = C$ で囲まれた面をつらぬく磁場 B の総量
- **電磁誘導の法則** 磁場が変化すると電場（誘導電場）が発生し起電力となる．
  磁束の変化率 $=-$ 誘導起電力　　すなわち　　$\frac{d\Phi}{dt} = -\mathscr{E}$
- **マクスウェル理論**
  電場は，電荷が存在するか，または磁場が変化する場合に生じる．
  磁場は，電流が存在するか，または電場が変化する場合に生じる．

第7章

量子力学

　20世紀になり，原子の世界では従来の力学は通用しないことがわかってきた．そして量子力学という新しい理論が登場する．プランク，アインシュタイン，ボーア，ド・ブロイたちの提案や発見を紹介しながら，量子力学的な新しい粒子像を紹介しよう．それによれば，ミクロの粒子（電子など）では，各時刻でのその位置が決まっておらず，複数の状態が共存する．そのような共存の様子を表現する方法として，波動関数という量が導入される．粒子でありながら波として表現されるということの意味を理解しなければならない．

| 新しい物理学
| 干渉
| プランクの量子仮説
| アインシュタインの提案
| 原子の構造
| 原子についての問題点
| ド・ブロイの物質波
| 電子の2スリット実験
| 共存の程度
| 発見確率か存在確率か
| シュレーディンガー方程式

7.1 新しい物理学

　この本の前半では力学という学問を解説した．そこで説明されたのは，17世紀末から18世紀にかけてニュートンなどによって基礎づけられた学問であり，20世紀になって登場した量子力学と区別するときは，**古典力学**と呼ばれる．

　ニュートンが活躍したのは主に17世紀末だが，18世紀になって力学はさらに発展し，惑星の運動の極めて精密な計算などに成功した．学問の理想形とまでみなされるようになる．さらに19世紀になると，電磁気学（第5, 6章），熱・統計力学（第4章）も確立し，19世紀末には，物理学はほぼ完成したという印象をもっていた学者も多かったそうである．

　しかし，いくつかのほころびもあった．そして20世紀に入り，そのほころびはますます拡大し，それらを解決する努力の中から**相対性理論**（**相対論**），そして**量子力学**という，まったく新しい2つの理論が登場する．相対論は時間と空間に対する新しい見方であり，量子力学はミクロな粒子の振る舞いを表す理論である．量子力学は当初は相対論を取り入れないで発展したので，この章では量子力学だけに集中して話を進める．

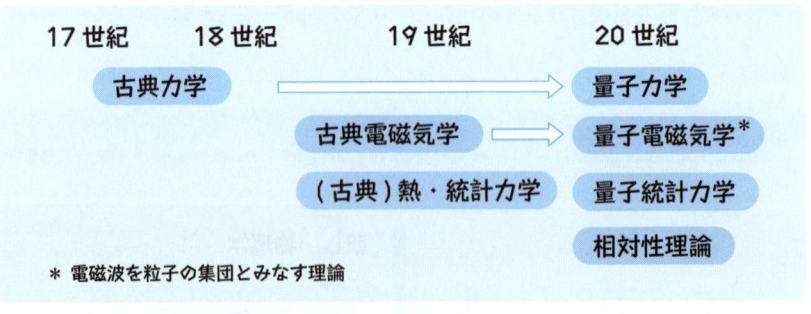

17世紀	18世紀	19世紀	20世紀
古典力学		⟹	量子力学
	古典電磁気学	⟹	量子電磁気学*
	（古典）熱・統計力学		量子統計力学
			相対性理論

＊ 電磁波を粒子の集団とみなす理論

　量子力学の誕生は，次の2つの流れが微妙に絡み合って発展した結果だった．それは

- 高温物体からの電磁波の放出の問題
- 原子内での電子の振る舞いの問題

である．電磁波とは一種の波であり，また電子は粒子である．しかし量子力学では粒子という概念が変わっていき，電磁波も電子も，粒子的な性質と波のような性質（波動的な性質）の両方をもつものとみなされるようになる．特に，波

という考え方がキーポイントになるので，まず，波についての基本的な用語の説明をしておくことにしよう．

波について　波を理解するには，**波長**，**振幅**，そして**振動数**（電磁波の場合は**周波数**ともいう）という用語を知らなければならない．波の形を図に描いた．水面上の波をイメージしても，あるいは，左右に張ったヒモを伝わっていく波をイメージしてもよい．

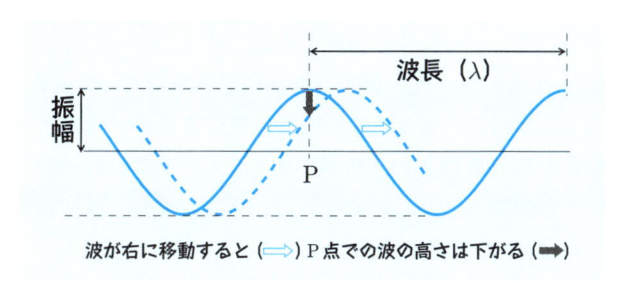

図中：振幅，波長（λ），P，波が右に移動すると（⇨）P点での波の高さは下がる（➡）

　図を見れば，波長と振幅が何を意味するかはすぐわかるだろう．振動数については波の動きを考えなければならない．波はこのままの形で静止していることはあり得ず，1カ所で上下に振動したり（**定常波**），あるいはこのままの形で左右どちらかに動いていったりする（**進行波**）．ここでは上図の波を右に動く進行波だとし，たとえばP点で波の高さがどう変わるかを考えてみよう．

　波の山が通過したときP点の波は最高となり，谷が通過したときは最低となる．つまり各点で波の高さは上下する．単位時間に（通常は1秒間に）上下する回数を**振動数**という（山が通ってから次の山がくるまでを振動1回とする）．

　振動1回ごとに波は1波長進むのだから，波が単位時間に進む距離，つまり波の速さは

$$\text{波の速さ} = \text{波長} \times \text{振動数}$$

となる．波長は λ（ラムダ），振動数は ν（ニュー）と書くのが普通なので，

$$\underset{(\text{速さ})}{v} = \lambda \nu \tag{1}$$

となる．一般に波の速さは波長によって異なるが，電磁波の場合，(真空中では)その速さは一定なので，波長と振動数は反比例する．

7.2 干渉

　光とは何であるかという議論は昔からあった．光は何かの波なのか，それとも何かの粒子の集団が動いているものなのかという，波動説と粒子説の間に争いがあった．しかし19世紀になって波動説が圧倒的に有利になった．その理由の1つは，光が干渉を示すことをヤングが実験的に示したことである．波の特徴である干渉ということを簡単に説明しておこう．

　たとえば同じ大きさの三角波が図のように左右からやってきたとしよう．2つの波が重なった場合にどうなるかは波の性質によるが，電磁波を含む通常の波では，**重ね合わせの原理**という規則が成り立つ．2つの波の高さを単純に足せばいいという原理である．したがって，どちらの波もプラスだったら，重なり合った瞬間には波の高さは2倍になる．

　また，一方の波がマイナスだったら，重なった瞬間は図のように，まったく何もないかのような状態になる（といっても瞬間的なことであり，波の動きがなくなってしまったということではない）．このように，波が重なって大きくなったり小さくなったりする現象を**干渉**（プラスの干渉，マイナスの干渉）と呼ぶ．

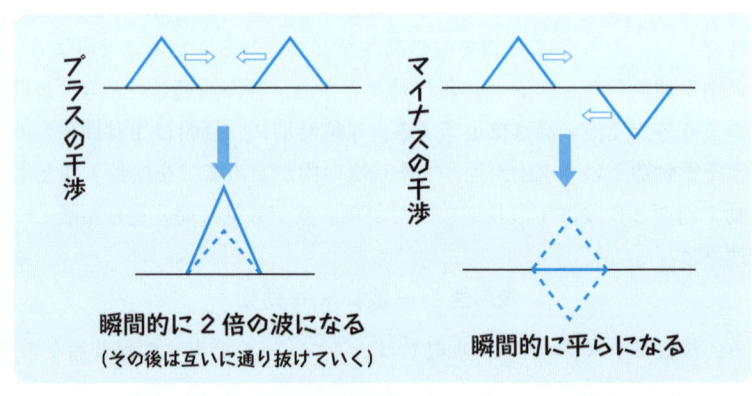

　少なくとも我々のイメージでは，粒子がぶつかって一瞬だけ消えてしまうなどということはあり得ない．干渉が起こるとすれば，それが波であることの強力な証拠となる．

　干渉効果を見るための**ヤングの実験**，別名**2スリット実験**というものを説明しよう．ヤングはこの実験を光で行ったのだが，波ならば何でもよい．

7.2 干渉

　図のように，左から波がやって来て板に当たる．板には隣り合った2カ所に縦に細長いすき間（スリット）が空いており，それぞれから波が通り抜けていく．図には，断面を上から見た図を描いてある．スリットの位置から波が円形に広がっていく．図の青色の線は波の山の位置を表している．

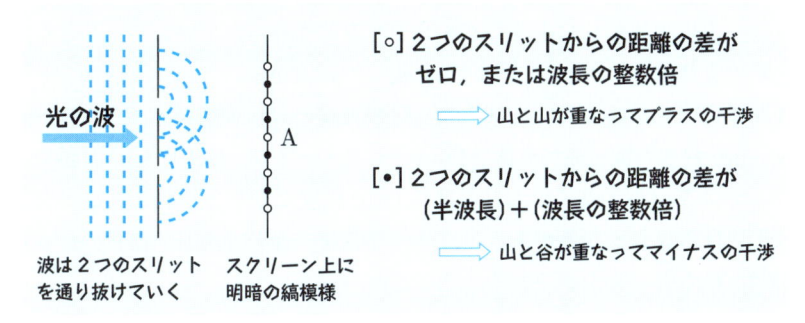

光の波

[○] 2つのスリットからの距離の差が
ゼロ，または波長の整数倍
⟹ 山と山が重なってプラスの干渉

[●] 2つのスリットからの距離の差が
(半波長)＋(波長の整数倍)
⟹ 山と谷が重なってマイナスの干渉

波は2つのスリットを通り抜けていく　　スクリーン上に明暗の縞模様

　板の後ろに置いたスクリーン上で，2つの波がどのように干渉するかを考えよう．たとえば2つのスリットの中央の真後ろにある点Aでは，(両スリットからの距離が等しいので)一方のスリットからの波が山のときは，他方のスリットからの波も山である．一方が谷だったら他方も谷である．つまり常にプラスの干渉が起こる．しかし，少しずれた点(上下の●)では，山と谷が重なり打ち消し合う．マイナスの干渉である．さらにずれると，再度，プラスの干渉が起こるようになる．

　もしこの波が光だとしたら，プラスの干渉が起きた場所は明るく光り，マイナスの干渉が起きた場所は暗くなるだろう．つまりスクリーン上に明暗の縞模様ができる．ヤングは19世紀初頭，実際に明暗の縞模様ができることを確かめ，光が波であると主張した．

　そして6.12項の最後に説明したように，19世紀後半にはマクスウェルの理論が登場し，電磁波という，電場と磁場の波の存在が理論的に示された．さらに，マクスウェル理論で予測される電磁波の速度が光速度と一致したので，光も電磁波の一種であると考えられるようになった．

7.3 プランクの量子仮説

前項で説明したように，19世紀末には，光とは，ある特定の波長をもった電磁波であるということで一応の決着はついていた．また電磁波とは，数式上では電場と磁場の波として表されるものであると理解されていた（そもそも電場や磁場の実体は何なのかという問題は残っていたが）．

人間の目が感じることのできる光（**可視光線**）は，波長にすると400 nmから800 nm程度の電磁波である（1 nm（ナノメートル）は10^{-9} m）．目で見える長さではないが，原子の大きさは0.1 nm程度だから，それよりはかなり長い．光にはさまざまな色があるが，それは波長の違いである．波長の最も短い光が紫，最も長い光が赤である．

赤の光よりも波長の長い電磁波は，**赤外線**（赤の外側にあるという意味），そしてもっと長くなると**電波**と呼ばれる．テレビの電波の波長は50 cm程度，ラジオの電波は数 mになる．一方，光よりも波長の短い電波は**紫外線**と呼ばれる．10 nm程度以下になると**X線**と呼ばれ，原子の大きさ程度の波長をもつ電磁波も含まれる．さらに短くなると**γ（ガンマ）線**と呼ばれる．

赤外線写真という暗い所でも写せる写真があるが，これは，物体が常に赤外線を放出していることを利用した写真である．物体は高温になると光り出すが，これは可視光線を放出するからである．もちろん同時に赤外線も放出している．

何らかの物体で囲まれた空間（空洞）を考えてみよう．物体はさまざまな波長の電磁波を放出し，また吸収もする．そして結局は，波長ごとに（つまり振動数ごとに）決まる，ある一定量の電磁波が空洞内に存在することになる．この電磁波のことを**空洞放射**（別名**黒体放射**）という．それは物体が何であるかにはよらず，その物体の温度だけで決まる（第4章で説明した言い方をすれば，物体と，空洞内の電磁波が熱平衡の状態になる）．上の説明からもわかるように，高温になるほどその電磁波は強くなり，特に波長の短い電磁波が増える．電磁波では波長と振動数は反比例するので（7.1項式(1)），波長が短いとは振動数が大きいということである．

19世紀末には空洞放射の測定が少しずつ進み，それをどのように理論的に説明するかが議論になっていた．量子力学発見の出発点となったと言われている，

7.3 プランクの量子仮説

1900年という切れ目の年に発表されたプランクの提案も，その年に発表された新しいデータを説明するためのものであった．

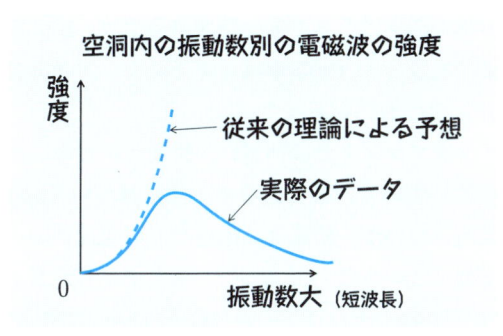

空洞内の振動数別の電磁波の強度

（図：強度 vs 振動数大（短波長）のグラフ．従来の理論による予想は単調増加の破線，実際のデータはピークを持って減少する曲線．）

データの特徴は，振動数の大きい（波長が短い）領域で，空洞放射の電磁波の強度（エネルギー）が予想よりも小さいということであった．そこでプランクは，物質から放出されるときの，振動数 ν の電磁波のエネルギーは，$h\nu$ の自然数倍（$h\nu, 2h\nu, 3h\nu, \cdots$）に限定されるという仮説（**プランクの量子仮説**）を提案した．ただし h はデータとの比較から得られる定数である．現在は**プランク定数**と呼ばれており，その値は

$$h = 6.626\cdots \times 10^{-34}\,\mathrm{J\,s}$$

である．h の単位はエネルギーの単位 J（ジュール）に時間の単位 s（秒）を掛けたものになる．10^{-34} からわかるように非常に小さな量である．

19世紀に確立した電磁波の理論によれば，電磁波のエネルギーはどのような値にもなれる（連続的に変えることができる）ことになっていたが，光を放出する粒子（電子）のエネルギーが $h\nu$ の自然数倍に限定されるので，放出される電磁波も同様に制限されるというのがプランクの提案である．もし仮にそうなっているとすれば，ν が大きい電磁波は放出されにくいことになり（振動数 ν の電磁波は少なくとも $h\nu$ のエネルギーをもっていなければならないので），データが説明できる．

プランクの提案は今から考えると，電磁波自体の問題と，（電磁波を放出する）電子の問題とを混同した考え方であった．しかしかえってそのために，両方の問題に対して，その後の研究に影響を与えることになる．

7.4 アインシュタインの提案

光量子説　量子力学の誕生にとって重要な次の論文は，1905 年のアインシュタインの論文である（ちなみに 1905 年は，アインシュタインによる特殊相対性理論の論文が発表された年でもあった）．

アインシュタインはプランクとは別個に，振動数が大きい領域での空洞放射，特にその温度依存性について，統計力学の手法に基づいて調べた．その議論の詳細はここでは説明しないが，結論は，振動数 ν の電磁波のエネルギーは，$h\nu$ を単位として振る舞うということであった．もしある振動数 ν の電磁波の全エネルギーが E だとすれば，それは $\frac{E}{h\nu}$ 個の粒子の集団と同じような振る舞いをするということである．

プランクの主張と似てはいるが，電磁波が物質から放出されるときに限定した話ではなく，電磁波自体の性質としてこのような主張をしたのである．これは従来の電磁波の理論とは矛盾する主張である．しかし $h\nu$ というのは微小な量であり，このような微小なエネルギーに対して電磁波の性質が調べられたことはない（たとえば，可視光線の振動数 ν は 10^{15} 毎秒程度である．これに h（前項）を掛けても 10^{-20} J 程度にしかならない）．したがって，このような微小なエネルギーでは，電磁波がこのように振る舞っているとしても，それまでの実験と矛盾するわけではない．

アインシュタインのこの主張は，**光量子説**と呼ばれる．量子（quantum）とは小さな塊という意味の単語であり，光のエネルギーが $h\nu$ という塊の和として振る舞うという意味でアインシュタインが導入した言葉である．

光電効果　アインシュタインは，光量子説に基づけばどのような現象が起きるかということも議論した．その中でも一番有名なのが**光電効果**である．

光電効果とは光を当てた金属から電子が飛び出すという現象である．振動数 ν の光を金属に当てたとしよう．電子がその光を吸収して，金属から飛び出せるだけのエネルギーを得られる場合に，実際に電子が飛び出してくる．光量子説を採用すれば，電子が光から得るエネルギーは $h\nu$ だろう（$2h\nu$ になるためには $h\nu$ の光を 2 回吸収しなければならないので，可能性は非常に小さい）．

飛び出してくる電子のエネルギーを求めるには，右上の図のようなイメージ

7.4 アインシュタインの提案

で考えるとわかりやすい．

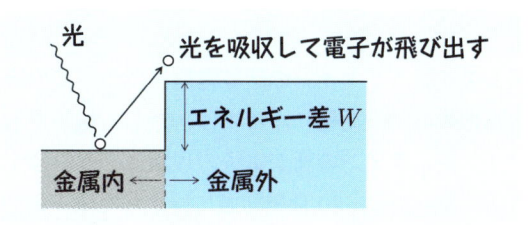

元々，電子が金属内に閉じ込められているのは，内部のほうがエネルギーが低いからである．それを外にはじき出すには，金属内部と外部のエネルギー差（W とする）以上のエネルギーを与えなければならない．したがって，飛び出すためには $h\nu > W$ でなければならず

$$\text{飛び出してくる電子の運動エネルギー} = h\nu - W \tag{1}$$

となる．振動数 ν がある程度大きい（波長がある程度短い）光を当てないと，その光がいくら強くても（明るくても）電子は出てこない．

式 (1) は 1915 年にミリカンによって実験で精密に確かめられ，それによりアインシュタインは 1922 年にノーベル賞を受賞した．

光は粒子か？ そもそもなぜ，電磁波のエネルギーが $h\nu$ を単位として振る舞うのだろうか．その理由については 1905 年の論文では何も主張されていないが，振動数 ν の電磁波は $E = h\nu$ というエネルギー E をもつ粒子の集団であると考えれば，自然に納得できる話である．アインシュタインも結局はそう考えていたようである．

光も含め，電磁波を粒子の集団とみなしたとき，その粒子を光子（photon, フォトン）と呼ぶ．現在ではそのような見方は正しいとして認められている．しかし，光とは何か，それが粒子なのか波なのかという問題はかなり昔から議論されてきたことであり，19 世紀には，光は波であると決着していたはずである．電磁波を粒子であるとみなす（正確に言えば，粒子であるともみなせる）ためには，新しい考え方（量子論）に基づく新しい粒子像が必要であった．このことを説明するにはまず，電子（electron, エレクトロン）に対する新しい粒子像を理解しなければならない．

7.5 原子の構造

　プランクの話もアインシュタインの話も電磁波についての議論だった．しかしこれからこの章の中心的な話題になるのは，むしろ電子である．

　プランクやアインシュタインの話が電子の理論にどう影響するのか，それが本題だが，その話に入る前に，20世紀初頭に確立した原子像，そしてその問題点についてまず説明しておこう．

　物質が原子から構成されているということは，化学反応についての分析から，19世紀にはすでに幅広い支持を集めていたようである．しかし物理的実体としての原子がどのようなものであるのかはわかっていなかった．原子というものの存在自体も疑っている人がいたくらいである．

　それが，真空技術の進歩によって状況が変わった．原子などの粒子を真空中に飛び出させ，その動きを観察することができるようになった．もちろん完全な真空などできないが，装置内の空気の分子を十分に少なくしないと，粒子がそれらにぶつかってしまって，（たとえば電場や磁場をかけたときに）本来，見られるべき動きがわからない．そのため，真空に近い状態を作ることが重要なのである．

電子の発見　まず，1897年の，トムソンによる電子の発見がある．2つの電極を真空中に置き，真空放電させる．放電とは，電極間に高い電圧をかけたとき，陰極側（電圧がマイナスのほう）から，マイナスの電荷をもつ粒子が飛び出して陽極に向かう現象である．トムソンは，そのとき出てくる粒子が陰極の物質によらない同じ粒子であるということを確かめ，物質に共通の，マイナスの電荷をもつ粒子が存在すると推定した．**電子**のことである．

原子核の発見　物質は全体としては電気的に中性なのだから，もしマイナスの電荷をもつ電子を多数含んでいるとしたら，それと同量のプラスの電荷をもつ粒子も存在するはずである．電子が原子に比べて非常に軽いことはわかっていたので，原子の質量の大部分は，その，電荷がプラスの粒子がもっていると思われた．

　その，プラスの部分が，原子の中央，大きさにして原子の数千分の1程度の部分（**原子核**という）に集中していると主張したのがラザフォードである．

7.5 原子の構造

1911年，彼の研究室で行われた実験で，α粒子と呼ばれる放射線（ヘリウム原子の原子核と同じもの）が，原子によって跳ね返ることがあることが発見された．電子は軽いので，α粒子のような重いものの動きを大きく変えることはできない．α粒子が跳ね返るためには，プラスの電荷が狭い領域に集中して存在し，強いプラスの電気力で，同じくプラスの電荷をもつα粒子を押し返さなければならない．

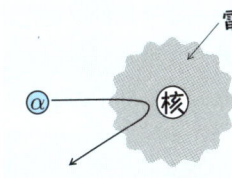

電子が動き回る領域
（実際の核の大きさは原子の1万分の1程度）

α粒子は軽い電子には影響されず
重い原子核の電気力によって跳ね返される

そのように考えて，彼はラザフォード模型と呼ばれている原子像を提案した．中央にある原子核のまわりを電子が回っているという考え方である（電子の数は原子の種類によって異なり，たとえば水素原子では1個，ヘリウム原子では2個，炭素原子では6個というように，周期表に記されている順に増えていく）．太陽系をミクロにしたイメージである．

しかしこの模型ではうまくいかないことは，最初から（むしろラザフォードの提案以前から）わかっていた．電子が原子核の周囲を回っているとすると，(少なくとも従来の電磁気学の理論に基づけば) 電子は電磁波を放出する．電磁波を放出すれば電子はエネルギーを失う．エネルギーを失った電子は，原子核に引き付けられて，中心に落ち込んでしまう．地球の周囲を回っている人工衛星がエネルギーを失って地球に落下するようなものである．だとすれば，原子は安定して存在し続けることはできない．しかし実際には原子は安定に存在し，だからこそ物質も存在できているのではないだろうか．

ラザフォード模型の問題点

原子核のまわりを回る電子は
電磁波を放出しながら落下
してしまうのではないだろうか

7.6 原子についての問題点

電子のスペクトル　ラザフォード模型のような原子では，そもそも原子がなぜ存在できるのかということさえ説明できない．原子中の電子に関しては，もう1つ，大きな疑問があった．電子が1つだけの水素原子で説明しよう．

地球のまわりを回る人工衛星だったら，その高度をうまく調節すれば，どのような速度で回すこともできる．つまりそのエネルギーを連続的に変化させることができる（エネルギーが大き過ぎると地球から離れて飛んで行ってしまうが）．ラザフォード模型でも同様である．しかし実際の水素原子の電子は，さまざまな値のエネルギーが可能であることはわかっていたが，連続的に変えることはできず，可能な値は跳び跳びであった（それは，原子内の電子が放出あるいは吸収する電磁波のエネルギーが跳び跳びであることからわかった）．このことを，水素原子内の電子の可能なエネルギーは**離散的**であるという．

この問題は，原子がつぶれないという問題と関係がある．水素原子内で動く電子の可能なエネルギー1つ1つを，**エネルギー準位**という．そしてそのようなエネルギー準位全体を，水素原子の**スペクトル**（あるいはスペクトラム）といい，よく，下図のように表現する．横棒1本1本が各準位に対応し，各横棒の位置の高さの差が，エネルギーの差に比例する．

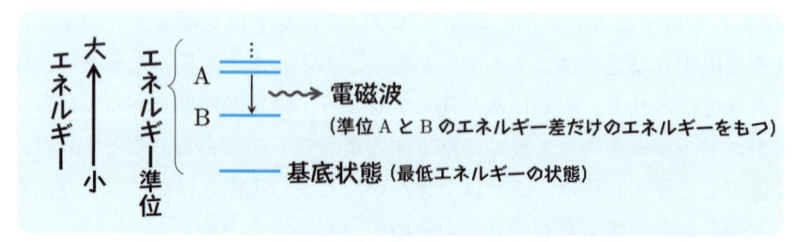

大 ↑ エネルギー ↓ 小　エネルギー準位
　　A
　　B　→ 電磁波（準位AとBのエネルギー差だけのエネルギーをもつ）
　──── 基底状態（最低エネルギーの状態）

ある時刻で，電子が上図の準位Aの状態にあったとしよう．その電子は，(たとえば) 準位Bとのエネルギー差だけのエネルギーをもつ電磁波を放出することにより，エネルギーを減らして準位Bに移ることができる．しかしもし，スペクトルが無限に下には続かなかったとしよう（実際，そうなっており，最低エネルギーの状態を**基底状態**という）．すると，基底状態までエネルギーを失った電子は，それ以上はエネルギーを失えないことになる．つまり原子はつぶれ

7.6 原子についての問題点

ない．結局，問題は，なぜ原子のスペクトルに基底状態があるのか，ということになる．

ボーアの提案　この問題に対する1つの（天下り的な）回答を提示したのがボーアである．7.3項で説明したように，プランクは，原子の振る舞いの結果として，放出される電磁波のエネルギーは離散的になるという主張をした．これは，原子内での電子の運動には，従来知られていなかった制限が付くことを意味するとボーアは考え，その具体的な制限を与える条件として，**ボーアの量子条件**という式を提案した（1913年）．

電子が原子核のまわりを，等速で円運動しているとしよう．その速さを v，電子の質量を m とすると，運動量の大きさ（通常，p と書く）は

$$\text{運動量：} \quad p = mv$$

である．ここで，軌道全体での運動量の合計（運動量 × 円周）という量を考え，それが

$$\text{運動量} \times \text{円周} = nh \tag{1}$$

という条件を満たす運動のみが可能であるとするのが，この例でのボーアの量子条件である（h はプランク定数，n は任意の自然数）．$n = 1$ の場合が基底状態になる．

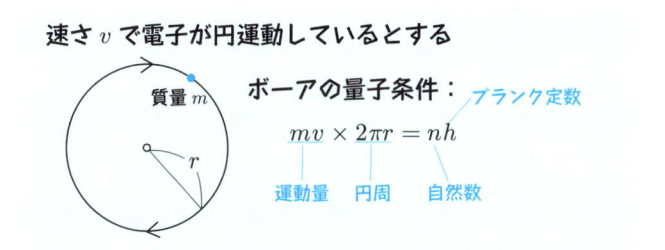

速さ v で電子が円運動しているとする

質量 m　　ボーアの量子条件：　プランク定数

$$mv \times 2\pi r = nh$$

運動量　円周　自然数

これは根拠が明らかではない天下り的な条件だったが，実際の水素原子のスペクトルをかなり正確に再現して注目され，その後10年程度の間，改良され深められた．この理論は，量子力学登場前の理論という意味で**前期量子論**と呼ばれているが，これからの本書の量子力学の説明には直接は役立たないので，ここではこれ以上は深入りしない．

7.7 ド・ブロイの物質波

実験により光電効果に対するアインシュタインの予言（7.4 項式 (1)）が確かめられた（1915 年）．つまり振動数 ν の光は，エネルギー（E と書く）の点からは，$E = h\nu$ をもつ粒子の集団であるかのように振る舞う．さらに 1923 年には，光は運動量（p と書く）という点からは $p = \frac{h}{\lambda}$（λ は波長）をもつ粒子の集団であるかのように振る舞うという実験結果が提出された（コンプトンによる）．光を電子に散乱させたとき，電子の運動量がどのように変化したかを測定して得られた結論である．いずれにしろ，波だと思われていた電磁波が粒子の性質をもっていることは，否定しようがない事実であるということになった．

では，電子はどうなのだろうか．それまで，電子が粒子であるのは当然のことだと思われていた．真空中で発生する電子のビームは，電場や磁場をかけると粒子のようにそれに反応するし，ビームを蛍光板に当てるとビームが当たった 1 点だけが光る．しかし，もし波であると思われてきた電磁波に粒子的な性質があるのだとしたら，粒子だと思われてきた電子にも波のような性質（波動的性質）があるかもしれない，と考えたのがド・ブロイである（1923 年）．

ド・ブロイの主張は，エネルギー E，運動量 p をもつ電子が

$$E = h\nu, \qquad p = \frac{h}{\lambda} \qquad (1)$$

という，光子の場合と同じ関係式で決まる振動数 ν と波長 λ をもつ波のように振る舞うというものである．この波を**物質波**と呼ぶ．

少なくとも従来の粒子像だったら，粒子とは各時刻に 1 点に存在するものである．一方，波とは広がりがあるものである．まったく違うように見える粒子と波の性質がどのようにして両立しうるのかはこれから議論していくが，難しい問題である．ド・ブロイ自身も彼なりの考え方を示しているが，彼の考えは現在ではほとんど支持を得ていないので深入りはしない．ド・ブロイの議論のうち今でも重要なのは，式 (1) と，ボーアの量子条件（7.6 項式 (1)）との間に密接な関係があることを指摘したことである．

電子が原子核の周囲を，一定の速さで，つまり一定の大きさの運動量をもって，半径 r の円運動をしているとする．そしてその運動は，ボーアの量子条件

を満たしているとしよう．量子条件の式 (7.6 項式 (1)) に $p = \frac{h}{\lambda}$ を代入すると

$$\frac{h}{\lambda} \times 円周 = nh \quad すなわち \quad 円周 = n\lambda \tag{2}$$

電子を粒子ではなく，円軌道上の何らかの波だとみなして，式 (2) を考えてみよう．波の実態が何であるかは問わない．とにかく，軌道上に何らかの波があると考える．たとえば $n = 3$ のときの状況を示すと図のようになる．

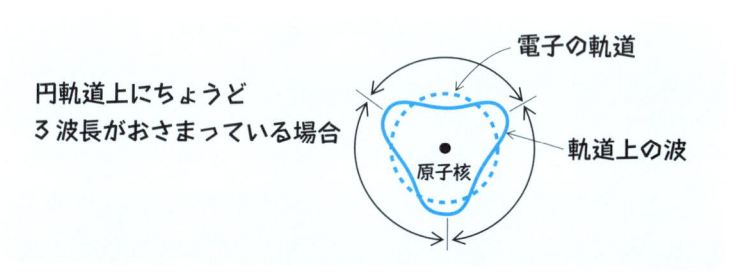

円軌道上にちょうど3波長がおさまっている場合／電子の軌道／軌道上の波／原子核

軌道を 1 周すると，波は 3 回，波打っている．もし n が自然数ではなく，たとえば $n = 2.5$ といった数だったら，軌道を 1 周したとき，波は元の状態に戻らない．波が軌道上にぴったりと入るという条件がボーアの量子条件になっているという発見が，ド・ブロイの業績であった．

電子線の干渉実験　ド・ブロイの発見はアインシュタインが評価したことで広く知られるようになり，シュレーディンガーによる量子力学の構築 (1926 年) に結び付く．この項では最後に，電子が本当に波の性質をもっていることが実験により明らかになったことを記しておこう (1927 年)．

結晶の構造を調べるのに，**X 線回折**という方法がある (X 線とは波長が非常に短く，原子と同程度の大きさの電磁波のこと)．これは結晶に X 線を当て，それがどの程度反射してくるか，方向ごとに測定する実験である．方向によって反射光の強度が変わるが，これは各原子で反射される光が干渉するためである．

これと同じ実験が電子のビームを使って行われた．**電子線回折**という．式 (1) で予測される電子の波長が原子の間隔と同程度になるように電子を加速し，結晶に当てる．すると X 線回折と同様に，ある特定の方向に特に強く電子が跳ね返った．これはまさに干渉が起きた結果だと考えられ，電子に波動的性質があることは否定できない，ということになった．

7.8 電子の2スリット実験

　電磁波には，それを粒子の集団とみなすと理解できる現象があり，電子には，それを波とみなすと理解できる現象がある．しかし，粒子でもあり波でもあるとはどういうことなのか．それを説明しなければ，我々の理解が本当に進んだことにはならない．

　この問題のヒントとして重要な実験が，20世紀になり行われるようになった，新しいタイプの2スリット実験である．

　7.2項ではヤングによる光の2スリット実験を説明したが，ここで説明するのは電子を使った2スリット実験である．この場合，板に2つのスリットを空けるといったような単純な装置ではないが，電子の通り道を2つ作るという意味では，基本的には2スリット実験と同じであり，概念的な説明ということで7.2項の図と同じ配置で考えることにする．

　電子のビームを左から入射する．そして，右側のスクリーンは写真乾板のようになっているとする．つまり電子は到達した場所に何らかの痕跡を残す．そして実験の結果は下の図のようになった．つまり，電子がたくさん到達した場所としなかった場所が縞模様になったのである．

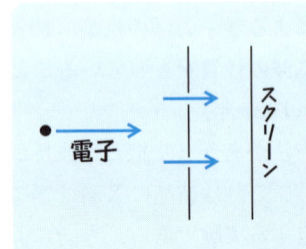

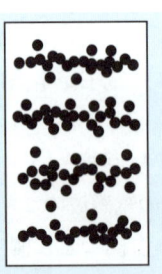

スクリーンを正面から見た図

電子の痕跡が縞模様を作る

　これだけのことだったら，不思議ではないかもしれない．多数の電子が互いに影響を与え合い，電子の波を作っていたのかもしれない．その波がスクリーン上に縞模様を作ったとも考えられる．

　しかしそうではないことが次のようにしてわかる．入射させる電子のビームを極めて弱いものにする．それも，1個1個の電子がある程度の時間間隔をもってやってくるほど弱いビームとする．すると，スクリーン上には1回に1カ所だけに痕跡が付くだけである．しかしそれを何千回も何万回も繰り返して痕跡

を積み重ねていくと，最終的にはやはり縞模様が出現する．この場合は，1個1個の単独の電子の振る舞いの結果として模様ができるのであり，多数の電子が全体として波打つということではない．

この現象をどのように解釈すればいいだろうか．もちろんスリットが1カ所だったらこのような模様は現れない．縞模様というのは，ヤングの実験からもわかるように，2カ所からの波の干渉の結果として現れる典型的な現象である．しかし電子は1回には1個しかやってこない．1個の電子がどうやって，2カ所からの波を作り出せるのだろうか．

電子は波?　電子が粒子であるという考え自体を放棄する必要はない．電子とは1個，2個と勘定できるものであることには間違いない．たとえば水素原子だったら電子は1個，酸素原子だったら電子は8個あるということは間違いない．しかし，1個の電子が各時刻にどこか1カ所（だけ）にあるという，従来だったら当たり前に思える考えを，放棄しなければならない．

ある時刻には1カ所にしかないとしたら，1個の電子が2つのスリットからやってきて干渉を起こすなどということはあり得ない．電子が一方のスリットを通った状態と，もう一方のスリットを通った状態の両方がなければならない．これを状態の**共存**と呼ぼう．数式上は，2つの状態を足すということで**重ね合わせ**ということも多いが，共存という用語は粒子の存在を重視した言い方である．

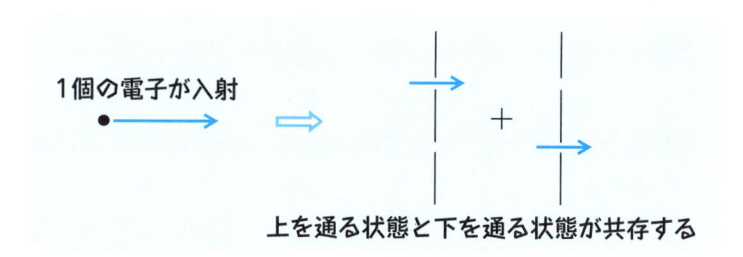

1個の電子が入射　⇒　上を通る状態と下を通る状態が共存する

スリットが2つあったので干渉現象を通じて共存のことが見えてきたが，共存というのは電子（あるいはミクロな粒子）の一般的な性質だとみるべきである．2つのスリットがあったために電子の性質が突然変わったとは考えられないし，電子以外の粒子でも（大きな分子でさえも），2スリット実験で縞模様ができることが確認された．実際，量子力学は，複数の状態が共存するという，従来の力学とはまったく異なる粒子像のもとに構築されることになる．

7.9 共存の程度

　1つの粒子の存在場所が，ある時刻で1カ所に決まっているとは限らない．ある位置に存在する状態，別の位置に存在する状態，あるいはさらに別の位置に存在する状態というように，複数の（一般には無数の）状態が共存しているというのが，量子力学での粒子像である．そして，そのような状況を表すのが電子の「波」である．そのことを説明しよう．

　7.1項に図示した波は典型的な波だが，空間に広がったものである．1カ所だけに粒子が存在するという状況を波で表そうとすれば，非常に幅の狭い波を考えなければならない．厳密に「1カ所」と言うためには幅がゼロの波を考えなければならないが，ここでは図示しやすいように，非常に幅の狭い波が，電子が近似的に1カ所だけにあるという状態に対応していると考えることにする．

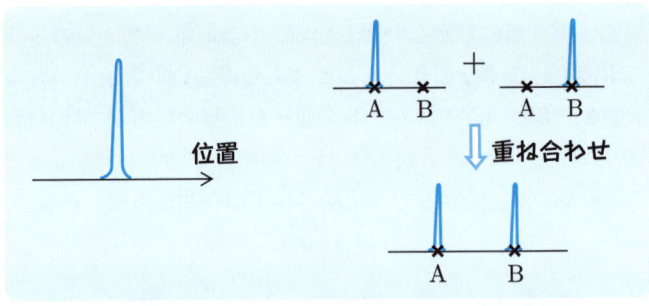

　右側の図は，粒子が点Aにある状態と点Bにある状態が共存している場合である．粒子が2つあるというわけではない．1つの粒子の状態が2つ，共存しているのである．

　では，幅の広い波はどのように解釈できるだろうか．ここで，7.2項で説明した重ね合わせの原理を思い出そう．波の重ね合わせとは，波が複数あるとき，それぞれを単純に足し合わせれば全体の波を表すことになるという原理であった．複数の波が重なっていれば，これは干渉という現象をもたらすが，重なっているときこの原理が成り立つのならば，重なっていなくても成り立つはずである．

　つまり右の図に示したように，幅広い波は，無数の狭い波の重ね合わせとして表現することができる．そして，それぞれの狭い波は，粒子がその位置にあ

るという状態を表しているとみなせるのだから,全体としては,粒子が各位置にあるという,無数の状態が共存していることになる.電子の波に関して言えば,重ね合わせの原理とは状態の共存のことに他ならない.

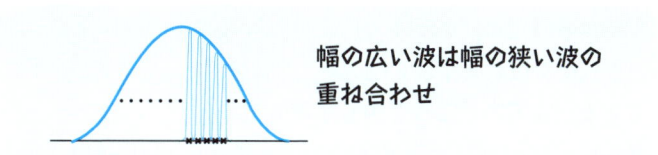

幅の広い波は幅の狭い波の重ね合わせ

共存の程度:波動関数　といっても上図の波では,高さが高い部分も低い部分もある.また上図では波はどこでもプラスだが,一般に,波を表す関数はマイナスにもなる(量子力学では複素数にもなる).これは,さまざまな状態が共存しているにしても,すべてが同等なわけではないことを意味する.おおまかな表現をすれば,波(の絶対値)が大きい位置に粒子があるという状態は共存の程度が大きく,波が低い位置に粒子があるという状態は共存の程度が小さいということができる.

たとえば2スリット実験のように2つの波があり,それが干渉を起こすという場合,2つの波の振幅が同程度だったら干渉を起こして縞模様を作りだすが,もし片方の波が圧倒的に小さかったら,他方の波はほとんど影響を受けず,縞模様などできないだろう.共存の程度とは,干渉を考えるときに意味をもつ量であることがわかる.

波がマイナスであってもその絶対値が大きければ,干渉のときに大きな影響を与えるので,共存の程度は大きい.また7.11項では,電子の波は一般に複素数にもなることがわかる.その場合でも,絶対値が大きければ共存の程度は大きい.共存の程度とは,大きさばかりでなく符号(複素数の場合は位相)まで含めた量であり,電子の波とは,各位置でのそのような共存の程度を表す量であると言える.以後,このような波を表す関数を**波動関数**と呼び,波動関数によって表される共存の程度の値のことを**共存度**と呼ぶことにする.

7.10 発見確率か存在確率か

　広いにしろ狭いにしろ，電子は一般に幅のある波動関数で表されることを説明した．電子は各時刻に，ある1カ所だけに存在するのではなく，各位置に存在するという状態が複数共存していることの結果である．2スリット実験が，このように考えるべきであることを強く示唆している．

　しかし2スリット実験は，電子の別の側面も見せる．現代版の2スリット実験では電子は1つずつ入射する．そしてスリットを通り抜けた電子は，スクリーン（写真乾板）のどこか1カ所に，衝突した痕跡を残す．痕跡は1カ所だけであり（だからこそ入射した電子は1個であることがわかる），それを見ただけでは，電子の波に幅があったことはわからない．2スリット実験で複数の状態が共存していることがわかるのは，このような実験を繰り返すと痕跡の集合が縞模様を作りだすからである．縞模様になるには干渉が起きたに違いない，したがって複数の状態がある．しかし1回の実験では痕跡は1カ所にしかできない．何か話に矛盾があるのではと感じる人も多いだろう．

　実際，この一見，矛盾した状況を説明するのは簡単ではない．今でも未解決の問題だという人もいるくらいだが，(筆者の意見では) 一応の説明はできている．これは，(状態ではなく) 粒子自体が多数あるときの量子力学について学んでからでないと理解できないことだが，少し説明を加えておこう．

ボルンの規則　量子力学が建設された当時（1920年代末）は，まだ理解は進んでいなかったこともあり，天下り的な考え方が提案された．これを**ボルンの規則**という．これによって，幅のある波と，1つの粒子は1カ所でのみ観測されるという事実との間の整合性が取られ，量子力学の計算と実際の観測との関連性が付けられるようになった．

　量子力学では波動関数をギリシャ文字の ψ（プサイ）を使って表す．一般に位置 r と時刻 t の関数なので $\psi(r,t)$ と書く．そして，時刻 t にこの ψ で表される粒子の位置を観測すると，「位置 r で発見される確率（**発見確率**という）は，その位置での ψ の絶対値の2乗 $|\psi(r,t)|^2$ に比例する」というのがボルンの規則である．たとえば2スリット実験でのスクリーン上の痕跡で言えば，時刻 t にスクリーン上の位置 r に痕跡が付く確率が $|\psi(r,t)|^2$ に比例することになる．

7.10 発見確率か存在確率か

ボルンの規則とはあくまで発見確率に関する規則である．存在確率を表すと説明されることがあるが，これは明らかに間違いである．確率とは，「排他的現象（両立しない現象）」に対して考えられる概念である．たとえばコインを投げて表になったら裏ではなく，裏になったら表ではないので，表になるか裏になるかは排他的現象である．したがって，その確率はたとえば $\frac{1}{2}$ ずつであると主張することに意味がある．

しかし電子の波動関数に幅がある場合，その幅の中のどこにある状態も共存している．共存とは同時に存在しているということであり，だからこそ干渉が起こる．つまりどこに存在しているかは排他的現象ではない．したがって存在確率という量は考えられない．しかしその電子がスクリーン上のどこかに痕跡を残せば，同じ電子が他の場所に痕跡を残すことはない．つまり痕跡の位置は排他的現象であり，発見確率というものを考えることができる．

なぜ痕跡ができる前の位置は排他的ではないのに，痕跡ができた瞬間に排他的になるのか，そもそもなぜ発見確率は $|\psi(\boldsymbol{r},t)|^2$ に比例するのか，ボルンの規則はその理由については何も言わない．少なくともこの規則が提案された時代には，誰にもわからなかった．単に，「観測によって，幅のある波が幅のない波（あるいは幅の非常に狭い波）に突然変化する」とだけ主張された．これを**波の収縮**（あるいは**射影仮説**）と呼ぶ．観測とはミクロな粒子とマクロな物体（たとえばスクリーン）との間の相互作用なので，この相互作用によってこのようなことが起こると主張されたが，あくまでも理由のない天下り的な主張であった．純粋に量子力学の原理だけでこのことをどのように理解できるのか，その説明は残念ながらこの巻では説明しきれないことなので，関心のある読者は量子力学の巻（第5巻）を参照していただきたい．

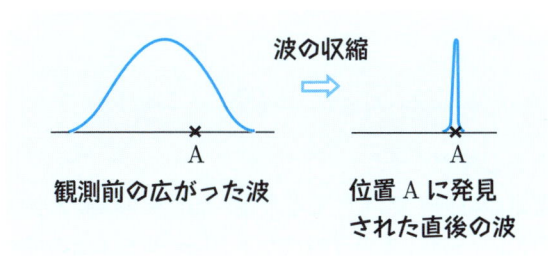

波の収縮

観測前の広がった波　　位置Aに発見された直後の波

7.11 シュレーディンガー方程式

　古典力学では，粒子の運動を決める基本方程式はニュートンの運動方程式だった．しかし各時刻での粒子の位置が決まっていないという量子力学では，この方程式は使えない．量子力学で粒子の状態を表すのは波動関数 $\psi(\boldsymbol{r}, t)$ なのだから，運動を決める（つまり状態の変化を決める）基本方程式も，ψ に対する方程式でなければならない．これがシュレーディンガー方程式と呼ばれるものである．この章では最後に，これがどのような方程式なのか，簡単に紹介しておこう．

　まず，シュレーディンガー方程式を理解するのに必要な知識をまとめる．

偏微分　ψ は位置と時間の関数である．位置は一般には空間の 3 つの座標で表されるが，ここではまず，空間 1 次元の場合を考えよう．つまり空間座標は x だけとし，波動関数を $\psi = \psi(x, t)$ と書く．

　一般に関数 $f(x)$ の x による微分は $\frac{df}{dx}$ と書くが，ψ の場合，変数が 2 つあり，x での微分，t での微分と，2 通りの微分が考えられる．それぞれを

$$x \text{ での微分：} \quad \frac{\partial \psi}{\partial x}, \qquad t \text{ での微分：} \quad \frac{\partial \psi}{\partial t}$$

と書き，**偏微分**と呼ぶ．一方，これと区別する意味で，1 変数の関数 $f(x)$ の微分 $\frac{df}{dx}$ を**常微分**と呼ぶ．といっても，常微分でも偏微分でも計算の規則に違いはない．たとえば t での偏微分をするときは，x は単なる定数だとみなして，t で普通の微分をすればよい．

波の基本形　7.1 項では，一定の波長 λ の波が動いているときのグラフを示した．この図の横軸（位置座標）を x，縦軸（波の高さ）を F とすると，このグラフの波は数式では

$$F(x, t) = A \sin\left(\tfrac{2\pi}{\lambda} x - 2\pi \nu t\right) \tag{1}$$

と書ける．説明をしておこう．

　まず，ある特定の時刻 t での F を考える．$\sin$ の中の第 2 項は定数になるので $F = A \sin\left(\tfrac{2\pi}{\lambda} x - 定数\right)$ という形になる．$|\sin \theta| \leqq 1$ なので，x を変えたときに F は $-A$ と $+A$ との間を動く．つまり A は振幅を表す．

7.11 シュレーディンガー方程式

また $\sin\theta$ は周期 2π の周期関数なので（つまり θ が 2π 変わると変化が一巡するので），x が λ だけ変わると（$\frac{2\pi}{\lambda}x$ が 2π 変わって）F の変化が一巡する．つまり λ が波長を表す．だから式 (1) で λ という記号を使ったのだが．

次に，位置 x を固定して時刻 t を動かしてみよう．特定の位置で波がどのように上下動するかを見ることになる．上と同じ理由で，t が $\frac{1}{\nu}$ だけ変化したときに F の上下動が一巡する．1 回の振動にかかる時間が $\frac{1}{\nu}$ である．したがって単位時間の振動の回数はその逆数で ν，つまり ν は振動数だということになる．

式 (1) F の式は $\sin$ で書いたが，$\cos$ でも構わない．そのときは全体が横に少しずれただけのグラフになる．

複素波 指数が虚数の指数関数は，複素平面の半径 1 の円周上の点を表し

$$e^{i\theta} = \cos\theta + i\sin\theta$$

である（オイラーの公式）．

ここで $\theta = \frac{2\pi}{\lambda}x - 2\pi\nu t$ としたものを（振幅 $A=1$ の）**複素波**という．$\sin$ である式 (1)（虚数部分）と，これを $\cos$ にしたもの（実数部分）を組み合わせたものである．式を簡単にするために，しばしば

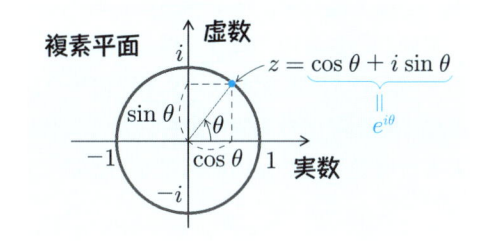

$$\underset{(波数)}{k} \equiv \frac{2\pi}{\lambda}, \qquad \underset{(角振動数)}{\omega} \equiv 2\pi\nu \tag{2}$$

という記号を使う．これを使えば

$$\text{複素波：} \quad e^{ikx-i\omega t} = e^{ikx}e^{-i\omega t} \quad (\equiv \psi_{k\omega} \text{ と書く})$$

と書ける．$e^{a+b} = e^a e^b$ という公式を使った．

複素数にして指数関数にしたため，微分が簡単な式になる．$\frac{de^{ax}}{dx} = ae^{ax}$ という微分公式を使えば次のようになる．

$$\frac{\partial \psi_{k\omega}}{\partial t} = -i\omega\psi_{k\omega}, \qquad \frac{\partial \psi_{k\omega}}{\partial x} = ik\psi_{k\omega} \tag{3}$$

エネルギー E と運動量 p ここで，この章で紹介してきた 2 つの関係

$$E = h\nu (= \hbar\omega), \qquad p = \frac{h}{\lambda}(=\hbar k)$$

を思い出そう．ただし便宜のために $\hbar$ ($\equiv \frac{h}{2\pi}$) という新しい記号を導入した．$\hbar$ に棒を付けたという意味で「エイチバー」と読む．この関係を使うと式 (3) は（適切な係数を掛けると）

$$i\hbar \frac{\partial \psi_{k\omega}}{\partial t} = \hbar\omega \psi_{k\omega} = E\psi_{k\omega}$$
$$-i\hbar \frac{\partial \psi_{k\omega}}{\partial x} = \hbar k \psi_{k\omega} = p\psi_{k\omega}$$

と書き換えられる．

$$E \Leftrightarrow i\hbar \frac{\partial}{\partial t}, \quad p \Leftrightarrow -i\hbar \frac{\partial}{\partial x} \tag{4}$$

という対応があることがわかるだろう．この対応の右側は微分記号の一部だけを取り出してあるが，何かの関数に掛けて微分する「操作」を表す記号だとみなしていただきたい．物理ではこのようなものを**演算子**という．何かの演算をするものという意味であり，式 (4) の場合は特に微分演算子という．$i\hbar$ を掛けたのは，対応関係の左側を簡単にするためのものである．

あとで運動量の 2 乗の演算子が必要になるので求めておこう．

$$p^2 \Leftrightarrow \left(-i\hbar \frac{\partial}{\partial x}\right)^2 = -\hbar^2 \frac{\partial^2}{\partial x^2}$$

右側は，微分を 2 回するのだから 2 階微分となる．

シュレーディンガー方程式 古典力学では，運動量は質量と速度の積，つまり $p = mv$ なので，粒子の運動エネルギー $\frac{1}{2}mv^2$ は $\frac{1}{2m}p^2$ と書ける．この粒子が，位置エネルギー U で表される力を受けているとすれば（一般に U は x の関数），全エネルギー E は

$$E = \frac{1}{2m}p^2 + U$$

この式に，まず右側から波動関数 $\psi(x, t)$ を掛ける．

$$E\psi = \frac{1}{2m}p^2 \psi + U\psi$$

そして，上で求めた対応関係を使って E と p^2 を微分演算子に置き換えたものが，求めたかった**シュレーディンガー方程式**である．

$$\text{シュレーディンガー方程式：} \quad i\hbar \frac{\partial \psi}{\partial t} = -\frac{\hbar^2}{2m} \frac{\partial^2 \psi}{\partial x^2} + U\psi \tag{5}$$

ψ は t と x の関数なので，それらでの微分に対して成り立つ関係式（微分方程

7.11 シュレーディンガー方程式

式）である．

特定のエネルギー E をもつ状態の波動関数を求めたい場合には，E のほうはそのまま残して

$$E\psi = -\frac{\hbar^2}{2m}\frac{\partial^2 \psi}{\partial x^2} + U\psi \tag{6}$$

として解けばよい．これは時間 t があらわに出てこない方程式なので，**時間に依存しないシュレーディンガー方程式**という．波は重ね合わせることができるので，異なる波動関数 ψ を足し合わせた状態を考えることもできる．その場合は ψ は特定の E に対応する波動関数になるとは限らないので，式 (5) のほうを考えなければならない．特に区別したいときは式 (5) を，**時間に依存するシュレーディンガー方程式**という．

置き換えによって式 (5) や式 (6) を求めたが，そうすればシュレーディンガー方程式という式が得られるというだけで，なぜこのような置き換えをしていいのか，証明があるわけではない．確かに複素波で表される状態に対しては置き換えができるが，より一般的な波動関数に対してこの置き換えが正しいという論理的な理由があるわけではない．

むしろこのシュレーディンガー方程式を出発点とするのが量子力学だということである．この式を自然界の基本方程式とみなし，原子中の電子の振る舞いなどを計算すると，実験結果に合った答えが得られる．実験結果と合わせることによって，この式が，つまり量子力学が正当化されるのである．

古典力学との関係　では，従来のニュートンの運動方程式の立場はどうなるのだろうか．古典力学では物体の場所は各時刻で 1 か所に決まっているが，それを波で表すには（7.9 項で説明したように）幅が非常に狭い波を使えばよい．このような波を一般に**波束**という．ある場所に位置する波束がどのように動くかは，量子力学では式 (5) で計算すればよい．そしてマクロな物体（原子と比較して非常に重い物体）に対しては，波束の動きはニュートンの運動方程式での計算結果と同じになることが証明できる．つまり量子力学と古典力学の結果は一致する．一方，ミクロな物体の場合には波束はすぐに広がってしまうこともわかる．その場合は，ニュートンの運動方程式は適用することさえできず，シュレーディンガー方程式で考えなければならない．これが，ミクロの世界で量子力学が必要な理由である．

章のまとめ

- **重ね合わせの原理** 複数の波が重ね合わさったときは，単純に足し合わせればよいという原理．符号が異なるときは打ち消し合ってマイナスの干渉となる．
- **波の3要素の関係** 速さ＝波長×振動数 すなわち $v = \lambda\nu$
- **2スリット実験（ヤングの実験）** 2つのスリット（すき間）を通り抜けた波がその後ろで起こす干渉を見る実験．
- **アインシュタインの光量子説** 振動数 ν の電磁波（光）のエネルギーは，$h\nu$ を単位として振る舞うという主張．結局は，電磁波はエネルギー $h\nu$ をもつ粒子（光子と呼ぶ）の集団として振る舞うという主張になる．ただし h はプランク定数と呼ばれる定数で，$h = 6.626\cdots \times 10^{-34}$ J s である．
- **水素原子のスペクトル** 水素原子に束縛されている電子のエネルギー準位の全体をいう．最低エネルギーの状態（基底状態）があり，その上に，可能なエネルギー状態が離散的に並ぶ．
- **ボーアの量子条件** 水素原子に束縛されている電子の可能な運動を選び出すための天下り的な条件

  運動量 × 円周 = nh （n は任意の自然数）

- **ド・ブロイの物質波仮説** 運動量 p をもつ電子は波長 $\lambda = \frac{h}{p}$ の波のように振る舞うとしてボーアの量子条件を正当化する仮説．
- **波動関数** 複数の状態が共存している（重ね合わされている）という電子の状態を表す関数．各位置での波動関数の大きさは，電子がその位置に存在するという状態の共存度（共存の程度）を表す．
- **ボルンの規則** 粒子の位置を観測したとき，各位置で観測される確率（発見確率）は，その位置での波動関数（共存度）の絶対値の2乗に比例する．
- **波の基本形（実数の場合）** $F(x,t) = A\sin\left(\frac{2\pi}{\lambda}x - 2\pi\nu t\right)$
- **複素波** $\underset{(\text{波数})}{k} \equiv \frac{2\pi}{\lambda}, \underset{(\text{角振動数})}{\omega} \equiv 2\pi\nu$ として

  $e^{ikx - i\omega t} = e^{ikx}e^{-i\omega t}$

- **物理量の演算子との対応** $E \Leftrightarrow i\hbar\frac{\partial}{\partial t}, \ p \Leftrightarrow -i\hbar\frac{\partial}{\partial x}$
- **シュレーディンガー方程式** $E = \frac{1}{2m}p^2 + U$ に対応関係を使って

  $i\hbar\frac{\partial \psi}{\partial t} = -\frac{\hbar^2}{2m}\frac{\partial^2 \psi}{\partial x^2} + U\psi$

  （時間に依存しない）シュレーディンガー方程式

  $E\psi = -\frac{\hbar^2}{2m}\frac{\partial^2 \psi}{\partial x^2} + U\psi$

第8章

相対性理論と素粒子の世界

　19世紀に電磁気学が完成し，電磁波の存在が発見され，光も電磁波の一種であることがわかった．そのときに問題になったのが光速度である．電磁気の理論では光速度はある値に決まってしまう．常識的に考えれば，何かの速度というものはそのものを観察する基準によって変わる．しかし実験をしても，光速度は基準によって変わらなかった．このことを理解するには，時間と空間に対してまったく新しい見方を必要とした．それが相対性理論である．そしてその結果の1つとして，質量もエネルギーの一種であることが発見された．

- 相対性原理
- 光速度不変性
- 同時性の破れ
- 時空図
- 時空の座標系
- 座標軸の目盛り―ローレンツ変換
- 新しい速度の合成則
- 運動方程式の変更
- 質量エネルギー
- ミクロな粒子のエネルギー
- 素粒子の世界

8.1 相対性原理

　相対論が考えたのは，時間と空間という問題であった．といっても，その何を問題にしたのだろうか．

　まず，空間についての話から始めよう．ここ，そこ，あそこ，といったように，無数の場所がえんえんと続いているのが空間だ．そしてあらゆるものは，この空間の中を，ここからあそこへと動いている．しかしそもそも「ここ」とは何だろうか．「動いている」とはどういうことだろうか．

　君が今，座ってこの本を読んでいるとしよう．君は止まっていると言えるだろうか．もし座っているのが走っている電車の座席だったら，そして，ある人が地面に立って外から電車の中にいる君を見ているとしたら，その人は「君は動いている」と言うだろう．

　しかし地面だって止まっているわけではない．地球は動いている．そしてもしかしたら，電車は地球の動きと逆方向に動いていて，太陽を基準に考えると，かえって地球が動いていて，電車のほうが止まっているということになるかもしれない．

　そして太陽もまた，宇宙空間の中で動いているのだ．太陽は銀河系という星の集団の中にあり，惑星が太陽のまわりを回っているのと同じように，太陽も銀河系の中心のまわりを回っている．そして銀河系全体も，他の銀河から見ると動いている．

　では，そもそも何を基準にして考えれば，止まっているか，動いているかを決めることができるのだろうか．

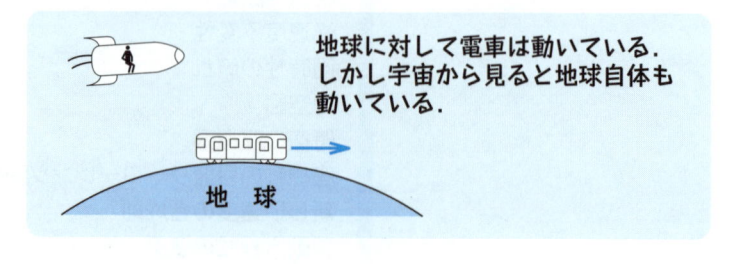

地球に対して電車は動いている．しかし宇宙から見ると地球自体も動いている．

地　球

8.1 相対性原理

　地球上のある人が，あるいはある物体がどのように動いているのか，といった単純なことを表現するのに，銀河系や他の銀河のことまで考えなければならないのだろうか．そこまで考えなければ，運動についての議論はできないのか．実際，この本で，宇宙全体のことを考えて物体の振る舞いを議論したことなどなかったではないか．

　実は，**ガリレイの相対性原理**と呼ばれる考え方によれば，何を基準にして運動を見ているか悩む必要はない．これは，これから学ぶアインシュタインの相対論に比べればはるかに簡単な話であり，地面であろうが，動いている電車であろうが，「互いに等速で動いている基準ならば，どれを基準に考えても，物体の運動に関する法則は変わらない」と主張する．

　法則は変わらないのだから，それらの基準を法則によって差別することはできない．たとえば，どちらの基準が静止しているか，それとも動いているかを区別できない．**絶対的に静止していると言える基準などなく**，ある基準が動いているかどうかは，他の基準との比較でしか，つまり**相対的**にしか判別できないことになる．

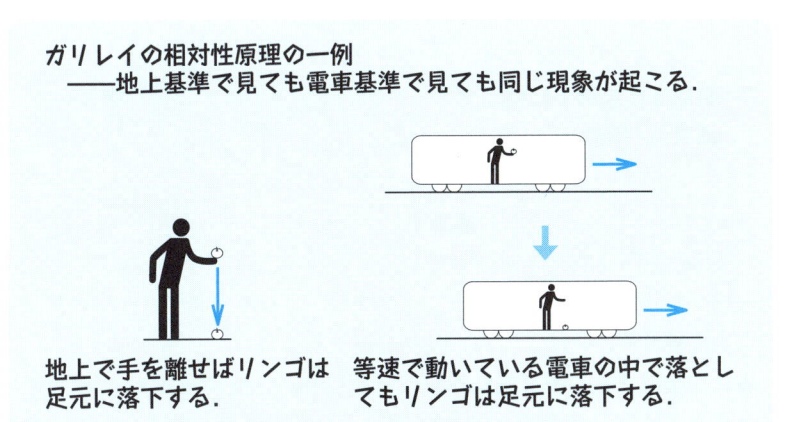

ガリレイの相対性原理の一例
　　——地上基準で見ても電車基準で見ても同じ現象が起こる．

地上で手を離せばリンゴは足元に落下する．　　等速で動いている電車の中で落としてもリンゴは足元に落下する．

8.2 光速度不変性

この項では，19 世紀末に電磁気学（特に電磁波の理論）が登場したとき，前項の相対性原理に問題が生じたことを説明したい．そのためにはまず，速度の合成則の解説から始めよう．

話を簡単にするために，空間は 1 次元（x 方向だけ）だとし，その空間で互いに等速で動く 2 つの基準を考える．それぞれを「基準 1」，「基準 2」と呼び，各基準での座標を x および x' とする（たとえば電車基準だったら，電車と一緒に動く物差しの目盛りが電車基準での座標だと考えればよい）．

基準 2 は基準 1 に対して一定の速度 v_0 で右に動いているとする．時刻 $t = 0$ で原点が一致しているとすると，後の時刻 t では原点は $v_0 t$ だけずれる．したがって，もしある物体の時刻 t での座標が基準 1 で x，基準 2 で x' だったとすれば（図からすぐにわかるように）

$$x = x' + v_0 t \tag{1}$$

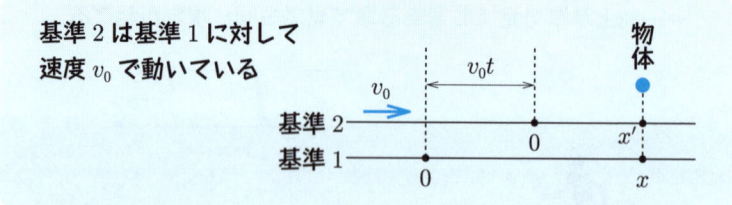

次に，この物体の速度を考えよう．速度も，どちらの基準（座標系）で見るかによって異なる．

一般に，基準 1 から見て右に動いている物体は，右に速度 v_0 で動いている基準 2 から見ると，速度が v_0 だけ小さく見える．基準 1 から見たときの物体の速度を v，基準 2 から見たときの物体の速度を v' とすれば

$$v' = v - v_0 \quad \text{あるいは} \quad v = v' + v_0 \tag{2}$$

となる．この式を**速度の合成則**という（アインシュタインの相対論が登場する前の合成則だが）．

8.2 光速度不変性

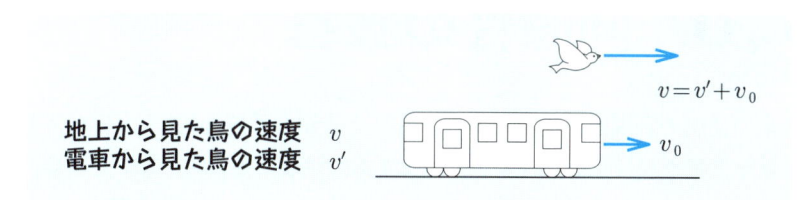

地上から見た鳥の速度　v
電車から見た鳥の速度　v'

$v = v' + v_0$

注意　速度の合成則は数学的には式 (1) から導かれる．速度とは位置座標の変化率，つまり x の t による微分だから
$$v = \tfrac{dx}{dt}, \qquad v' = \tfrac{dx'}{dt}$$
これらを，式 (1) の両辺を t で微分した式
$$\tfrac{dx}{dt} = \tfrac{dx'}{dt} + v_0$$
に代入すれば，式 (2) になる． ○

しかし 19 世紀末に電磁波の理論（マクスウェルの理論）が登場したときに問題が生じた．光も電磁波の一種なので，これからは光の問題として説明を続けよう．

注意　電磁波は波なので，いろいろな波長のものがある．そのうち，人間は波長が 2000 分の 1 mm 程度のものを眼で感じることができ，それを光（あるいは可視光線）と呼ぶ． ○

電磁波の理論によれば，光も含めすべての電磁波は，秒速 30 万 km という速度で伝達すると予言される．正確には 299,792,458 m/s だが，この本では 30 万 km/s，あるいは記号で c と書くことにする．しかし 30 万 km/s とはどの基準で見たときの速度なのだろうか．

ここで電磁波の理論に関しても相対性原理を信用すれば，ある基準で 30 万 km/s という値が理論的に予言されるのなら，それに対して相対的に等速で動く基準でも（電磁波の理論は同じなのだから）光速度は 30 万 km/s でなければならない．しかし速度の合成則式 (2) によれば，何かの速度というものは，それを見る基準に依存するはずだ．矛盾している．

精密な実験が行われたが，光速度はどの基準で見ても 30 万 km/s だった．このことを**光速度不変性**という（光速度は基準によらないということ）．だとすれば速度の合成則が誤りということになる．しかしこの合成則はほとんど当たり前のことのようにも見える．そのどこが間違いだというのだろうか．

8.3 同時性の破れ

　従来の速度の合成則は常識のようにも見えるが，秒速 30 万 km という超高速の世界で我々の日常的な経験がそのままあてはまるとは限らない．実際，光速度不変性を認めると常識に反する様々な現象が起こる．相対性理論（略して相対論）を理解する上でも重要な 1 つの例を示そう．

　電車のちょうど中央から前後に向けて同時に光が出るとする．そしてその光がいつ，電車の最後部，あるいは最前部に達するかを考えよう．

　まず，電車基準で，つまり電車に乗ってじっと立っている人が，この現象をどのように見るかを考える．光は電車の中に設置されている光源から発せられ，電車の中を通るのだから，（この人にとっては）光の進み方は電車基準で考えればいいだろう．したがって電車が地面に対してどんな速度で走っていたとしても，光はそれとは無関係に，前方にも後方にも「電車に対して」30 万 km/s という同じ速さで進むだろう．そして光源は電車の中央にあるのだから，光は電車の最前部と最後部に「同時に」到達することになる．

> **電車基準（電車が静止して見える基準）で考えると**
>
> 光は左右に同じ速度で進むのだから同時に前後に到達する

　次に，この現象を，地上に立ってながめている人にとってどう見えるかを考える．最初は光速度不変性は忘れ，相対論以前の常識的な（しかし間違った）見方ではどうなるかを説明する．

　地上から見ると，電車内を光が伝わっている間にも電車は前方に動いている．光が発せられた位置から見て，電車の最前部は遠ざかるし，最後部は近づく．したがって最前部に向かった光は，到達するまでに余計に進まなければならない．

　しかし速度の合成則を使った「常識的な見方」では，（光速度不変性に反して）前方に進む光は電車の速度分だけ（地上から見て）速くなる．同様に，後方に進む光は遅くなる．そのため，光が最前部に達するためには余計に進まなければならないが，速度が大きくなるので，実際にかかる時間は最後部までの場合

8.3 同時性の破れ

と変わらない（詳しい計算は省略するが）．つまり中央から発した光は，地上から観察しても電車の両端に「同時に」到達するように見える．電車基準で考えたときと同じである．

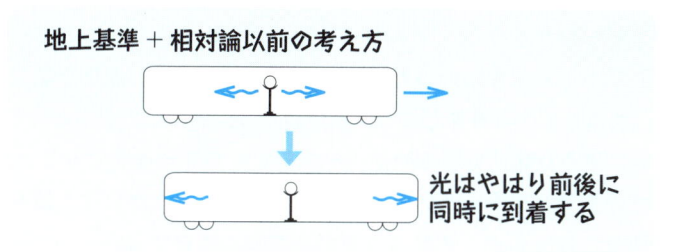

地上基準 + 相対論以前の考え方

光はやはり前後に同時に到着する

電車基準から見て2つの出来事が同時に起きているのならば，地上基準から見ても同時に起きているというこの結論は当たり前だと思うかもしれないが，光速度不変性を認めるとそうはならない．光速度不変性によれば，地上から見ても，光は前方へも後方へも（地上に対して）30万 km/s で伝わっている．したがって，遠ざかっている最前部に達する時間は遅くなり，近づいている最後部には早く達する．つまり最前部に達した時刻と，最後部に達した時刻は同じではない．つまり電車基準では同時刻に起きているように見えた2つの出来事が，地上基準では同時刻では起きていない．

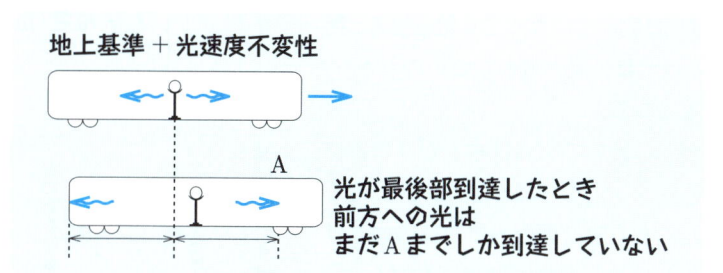

地上基準 + 光速度不変性

A

光が最後部到達したとき
前方への光は
まだAまでしか到達していない

このように，2つの出来事が起きたのが同時刻なのか違うのか，それを見る基準によって答えが異なるということを一般に**同時性の破れ**と呼ぶ．これが，相対論を理解するための出発点になる．

8.4 時空図

　時間とは基準によって異なる，という話をした．これらのことを具体的に式で表すとどうなるのだろうか．それが相対論そのものであり，ここでその計算にいきなり取りかかってもいいのだが，この項ではもう少し簡単な話で頭をならしてから，次項でその計算をしよう．相対論では，単に式を学ぶだけでなく，それが具体的に何を意味しているのか，それをしっかりと理解することが重要だ．

　この項ではまず，時空図というものの説明をする．ただし，しばらくは光速度不変性のことは忘れ，相対論以前の時空図の話をする．

　真っすぐ延びた線路の上を電車が走っているとしよう．これをグラフに描く．横軸で線路上の位置を表し，縦軸で経過した時間を表す．縦軸を**時間軸**，横軸を**空間軸**とも呼ぶ．

　このグラフの中の各点は，位置と時刻が決まっている点だ．まず最初は長さのない電車を考えると，各時刻での電車の位置は点で表される．電車が動くとその点が動き線を描く．このような線を一般に**世界線**という．電車は動いていなくても線を描く．動いていなければ位置が変わらないのだから，垂直な線になる．

　電車が右に動いていれば右上がりの線になる．速度が一定ならば直線だ．速く走る電車は速く右方向に進むので，線の傾きは大きくなる．遅く走れば縦線に近づく．

　左方向に進む電車の線は左上がりの直線になる．右に進む電車と左に進む電車がすれ違う位置と時刻は，2本の直線の交点で表されている．

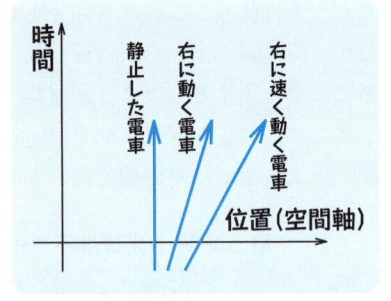

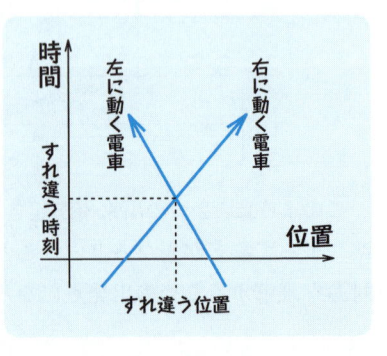

　鉄道会社ではこのようなグラフをダイアグラムと呼ぶが，相対論では（電車の動きの）**時空図**と呼ぶ．ただし上記の場合は，地上を基準にした時空図だ．

8.4 時空図

次に，この地上を基準にした時空図の中に，右に動く電車を基準にした時空図を描こう．電車基準での時空図では，位置は，電車と一緒に動く長い物差しの目盛りだと考えればよい．

時刻 0 では，その物差しのゼロの目盛りが，地上での位置 0 に一致していたとしよう．物差しは電車と一緒に動くので，目盛り 0 の位置も，時間が経過するとともに右へ移動していく．電車の速度が一定だとすれば，目盛り 0 の位置の動きは，右に傾いた直線になる．これは目盛り 0 に限った話ではなく，すべての目盛りが，互いに平行な，右に傾いた直線に沿って移動する．

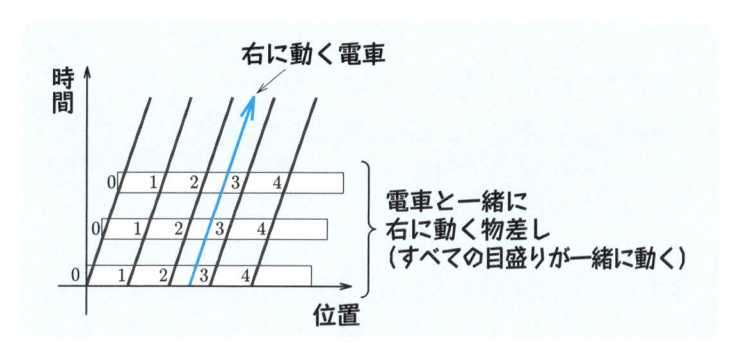

「移動する」と書いたが，動きには相対的な意味しかない（ガリレイの相対性原理）．つまり地上の目盛りではなく，電車と一緒に動く物差しの目盛りのほうを，位置の基準として考えてもよい．その場合は，右に傾いた線上の点が，すべて同じ位置を表すことになる（目盛りが同じなのだから）．

左ページの図では，垂直の線が同じ位置を表していた．一方，電車を基準に取ると，斜めの線が同じ位置を表す．つまり，時空図内の 2 点が「同位置」なのかどうかは，基準によって異なることがわかる．

では，時刻一定の方向（同時刻の方向）は基準によって変えなくていいのだろうか．いったん光速度不変性を認めると，時間は基準と無関係ではいられない（前項）．時空内の 2 点が同時刻かそうでないかは，基準によって変わる．では，具体的にどのように変わるのか．

8.5 時空の座標系

時空図で，基準が変わると同時刻の線がどのように変わるのか，8.3 項で説明した現象（電車の中央から前後に光を発するという話）を時空図に描きながら考えてみよう．

まず，地上基準での時空図に電車の動きを描いてみよう．電車の最前部も最後部も（地上に対して）同じ速度で動いているので，それらは右に傾いた平行線で表される．最後部は時刻 0 で位置 0 に一致するように描いてあるが，これは単に見やすいようにしただけのことで，特に意味はない．

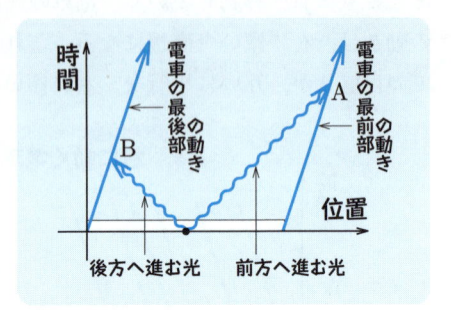

次に，(地上基準の) 時刻 0 で，電車の中央から前後に向けて光を（瞬間的に）発したとする．前方に進む光を表す線は右上がり，後方に進む光は左上がりになる．光速度不変性によれば，どちらの速さも同じなのだから，向きは逆だが傾きは同じだ．

ここで，これから時空図を描くときの 1 つの規則（習慣）を説明しておこう．相対論ではさまざまな動きの中でも光の動きが一番重要である．そこで，光の動きが 45 度傾いた直線になるように時空図の目盛りを決める．これは，縦軸（時間軸）の時間 1 秒分の長さと，横軸（空間軸）の 30 万 km 分の長さが同じになるように目盛りを打つという意味だ．実際，上の図では光の動きを表す線の傾きが 45 度になっている．

前方に進んだ光は A 点で電車の最前部に到達し，後方に進んだ光は B 点で電車の最後部に達する．図を見ると，後ろに進んだ光のほうが先に，つまり早い時刻に端に達しているように見える．普通に考えれば，当然のことだ．電車の最前部は光から逃げるように動いているし，最後部は光を迎えるように動いているのだから．

しかしこれは地上基準で考えたときの話だ．電車基準で考えれば，電車は止まっており，電車の中央と，最前部，最後部との位置関係は変わっていない．さ

8.5 時空の座標系

らに光はどちらへも一定の速度で動くとしたら（光速度不変性），光は両端に同時に着いたはずだ．つまり電車基準で考えれば，上の図の A と B は同時刻である．

電車基準では AB 上のすべての点が同じ時刻になる．さらに，電車基準では AB に平行な線がすべて同時刻の線になる（前項の話を，時間をずらして考えればよい．厳密には次項の式を使えば証明できる）．一方，地上基準では，同時刻の線はすべて水平な線で表される．

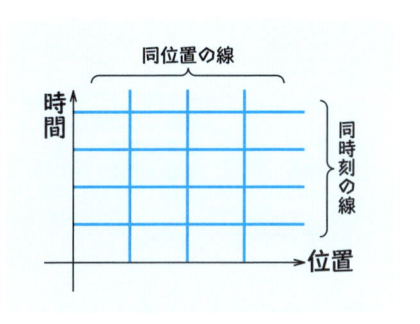

このことを使って時空図に座標系を描こう．同位置の線と同時刻の線を引くという意味だ．まず，地上基準で描いた場合には，普通に右の図のようになる．

この時空図に，電車基準での座標系を描こう．時刻 0 では，地上基準での位置 0 と，電車基準の位置 0 は一致しているとする．つまり座標系の原点は一致している．電車が右方向に進んでいるとすれば，位置 0 の線は原点を通る右に傾いた線になり，また，位置が，ゼロではないある値の線（同位置の線）は，それに平行な右に傾いた線になる．

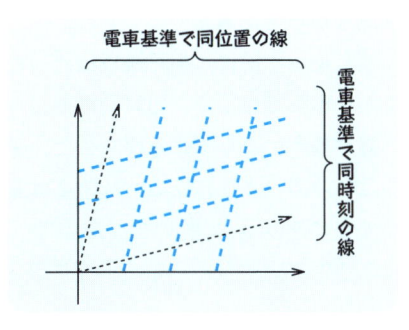

同時刻の線は，左ページの図の AB に平行な線だ．したがって，(電車基準で) 時刻 0 の線は，原点を通り，AB に平行な線になる．他の時刻の同時刻線も，それに平行に引けばよい．結局，全体としては右の図のようになる．

8.6 座標軸の目盛り ― ローレンツ変換

前項の座標系に目盛りを振ることを考える．地上基準を基準1, (それに対して速度 v_0 で右に動いている) 電車基準を基準2とする．下の図ではそれぞれの座標軸だけを描いている．基準1での時刻と位置座標を (t, x) とし，基準2での時刻と位置座標を (t', x') とする．光の進行方向が45度になるように目盛りを打ったとすると，基準2の時間軸と空間軸の傾く角度は同じであり，下の図もそのように描いてあるが，そのことはまだ証明していない．

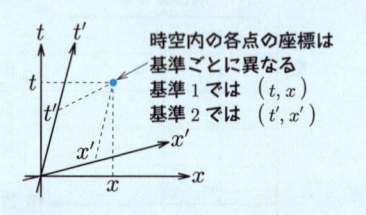

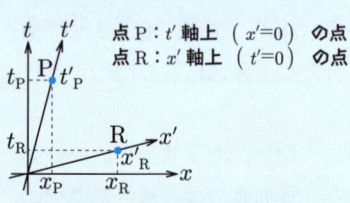

時空内の各点の座標は基準ごとに異なる
基準1では (t, x)
基準2では (t', x')

点P：t' 軸上 ($x'=0$) の点
点R：x' 軸上 ($t'=0$) の点

時空内の各点は，基準1を使えば (t, x)，基準2を使えば (t', x') というように表現されるが，知りたいのは，これらの座標の間の関係である．たとえば (t, x) がわかっていれば (t', x') もわかるはずだが，具体的にはどのような式で計算できるのだろうか．x や x' までの原点からの距離を図上で物差しで測っても，x と x' の比率はわからないことに注意．x 軸と x' 軸では目盛りの打ち方が違うからである．

答えを示す前に，相対論以前だったらどうなるかを示しておこう．相対論以前だったら同時刻線は基準によらずに水平なので，座標軸の関係は右の図のようになる．基準2は基準1に対して右に速度 v_0 で動いているので，結局

$$x = x' + v_0 t, \qquad t = t' \qquad (1)$$

となる．これらはガリレイ変換の公式と呼ばれている．

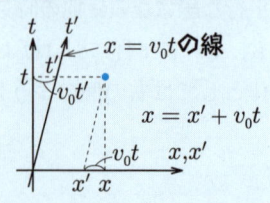

相対論以前の基準の違い
$x = v_0 t$ の線
$x = x' + v_0 t$

これに対して，相対論では t と t' は等しくないばかりでなく，x と x' の関係も変わる．まず天下り的に答えを書くと

8.6 座標軸の目盛り ― ローレンツ変換

$$x = \gamma(x' + v_0 t') \quad (2)$$
$$t = \gamma(t' + \frac{v_0}{c^2} x') \quad (3)$$

となる．ただし $\gamma \equiv \frac{1}{\sqrt{1-(\frac{v_0}{c})^2}}$ である．この式を**ローレンツ変換**という．

この式の導き方の一例は下に示すが，この結果の特徴について，いくつか注意しておこう．まず基準間の速度 v_0 が光速度 c に比べて非常に小さいとして $\frac{v_0}{c}$ はゼロとしていいとすると，$\gamma = 1$ になり，ローレンツ変換はガリレイ変換に一致する．つまり低速の世界では従来の常識と一致する．

また，基準 2 の時間軸 ($x' = 0$) の傾きは式 (2),(3) の比をとって $\frac{t}{x} = \frac{1}{v_0}$ となるが，同様にして基準 2 の空間軸 ($t' = 0$) の傾きは $\frac{t}{x} = \frac{v_0}{c^2}$ であることがわかる．したがって，光の方向が 45 度になるような目盛りを打てば，1 秒と 30 万 km を等しくするのだから $c = 1$ ということになり，両方の軸の傾きは逆数の関係になり，同じ角度で傾くことがわかる．一番関心があるのは，ローレンツ変換では速度の合成則がどうなるかだが，それは次項で説明する．

コメント **ローレンツ変換の導出** まず，2 つの座標系の間の関係が

$$x = Ax' + Bt', \qquad t = Dx' + Et' \quad (4)$$

であるとする．$A \sim E$ は v_0 に依存する，これから求めるべき定数である．原点は共通であるとして，定数項は付け加えなかった．また，共通の原点を別の場所にずらしても変換公式は変わらないという要請から，1 次式であるとした．

まず，$x' = 0$ のときは $x = v_0 t$ である（基準 2 の時間軸）ということから，$\underline{B = v_0 E}$ でなければならない．

また $x = ct$ のとき $x' = ct'$ である（基準 1 での光速度は基準 2 でも光速度）ことから，($x = ct$ に式 (4) を代入して) $\underline{Ac + B = c(Dc + E)}$．

さらに，式 (4) を逆に解いて $x' = \cdots$, $t' = \cdots$ とした上で，(x, t) と (x', t') を入れ換えると

$$x = a(Ex' - Bt'), \quad t = a(-Dx' + At') \quad (\text{ただし } a = AE - BD)$$

となるが，これは基準 2 が速度 $-v_0$ で動いているときの変換に対応する．一方，式 (4) で x を $-x$, x' を $-x'$ として得られる式 ($x = Ax' - Bt'$, $t = -Dx' + Et'$) も同じ変換になるはずである．それらが等しいとすると $\underline{a = 1, A = E}$ となり，下線をつけた 4 つの式を整理すると，ローレンツ変換が得られる． ○

8.7 新しい速度の合成則

この章の冒頭から，相対論とは新しい時空の理論であると説明してきたが，前項のローレンツ変換の2式がまさに，それがどのような時空なのかを示している．

時空の座標系の原点を通って等速運動する物体を考えよう．この物体の基準1 (x,t) から見た速度を v，基準2 (x',t') から見た速度を v' とする．8.2項によれば，相対論以前の考え方では

$$v = v' + v_0 \tag{1}$$

だが，これではこの物体が光だったときに光速度不変性が成り立たなくなる（$v' = c$ ならば $v \neq c$）．相対論が必要になったのはまさにこのためだが，ここで導いた新しい時空観では，この矛盾はどのように解消されるだろうか．ローレンツ変換を使って速度の合成則を導き直してみよう．

時空の原点から点 P まで等速で動く物体を考える．速度は「$\frac{位置座標の変化}{時間経過}$」で表されるので，この物体の基準1と基準2それぞれで見た速度は

$$v = \frac{x}{t} \tag{2}$$
$$v' = \frac{x'}{t'} \tag{3}$$

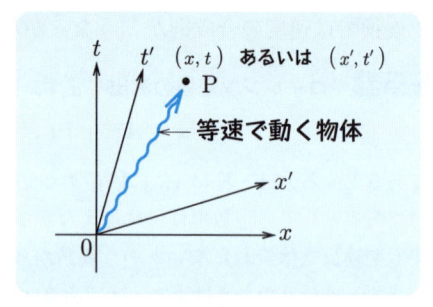

まず式(2)に前項式(2)と(3)を代入すると

$$v = \frac{x' + v_0 t'}{t' + \frac{v_0}{c^2} x'} = \frac{\frac{x'}{t'} + v_0}{1 + \frac{v_0}{c^2} \frac{x'}{t'}}$$

式(3)を代入すれば，結局

$$v = \frac{v' + v_0}{1 + \frac{v' v_0}{c^2}} \tag{4}$$

となる．これが式(1)に代わる，新しい**速度の合成則**だ．

具体例 この式が実にうまくできていることを，いくつかのケースに分けて示そう．

8.7 新しい速度の合成則

日常的な場合： v' あるいは v_0 が c に比べて十分に小さければ，分母はほぼ 1 になるので，この式は式 (1) と変わらない．物体の速度が光速度よりも圧倒的に小さい通常の状況で，従来の法則の間違いが見つからなかったのも当然だ．

光速度は不変： 基準 2 で見て光速度で動いているもの（たとえば光自体）が，基準 1 でどう見えるかを計算してみよう．$v' = c$ として上式を計算すると

$$v = \frac{c+v_0}{1+\frac{v_0}{c}} = \frac{(c+v_0)c}{c+v_0} = c$$

つまりこのものは，基準 1 でも速度 c で動いているように見える．これは光速度不変性に他ならない．

超高速度を積み重ねる： 仮想上の話だが，光速度の 90% の速さ ($0.9c$) で動いている電車の中にいる人が，ボールをやはり光速度の 90% で投げたとする．地上から見ると，このボールの速度はどうなるだろうか．$0.9c$ の速さを足し合わせるのだから，光速度を超えた速さになるのだろうか．

決してそうはならない．実際，公式 (4) に，$v' = v_0 = 0.9c$ を代入すると

$$\frac{0.9c + 0.9c}{1+(0.9)^2} = \frac{1.8c}{1.81} \fallingdotseq 0.994c$$

光速度の 90% で動いている電車の中で
（電車に対して）光速度の 90% でボールを投げる

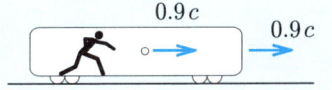

$0.9c$ $0.9c$

地上から見たボールの速度は光速度を超えられるか

速度の合成則がうまくいったのは，空間軸が傾いたから，つまり前項式 (3) 右辺で第 2 項がついたためである．ローレンツ変換のもう 1 つの特徴は，右辺全体に γ という係数がついていることだが，これは速度の合成則には関係ない．γ は座標軸の目盛りの伸縮をもたらし，「動いている時計は遅れる」とか，「動いている物体は短くなる」といった相対論の興味深い話に関係するが，これについては演習問題（およびこのライブラリ第 6 巻）を参照していただきたい．

8.8 運動方程式の変更

　時間が基準に依存するなど，新しい時空像が得られた．では，この新しい時空像で従来の物理の法則はどうなるだろうか．これまで説明してきた法則に何か変更を加える必要はあるのか．

　たとえば，$ma_x = F_x$ という x 方向の運動方程式を考えてみよう．基準を変えると，ローレンツ変換によって x 座標も時間 t も変わるのだから加速度 a_x も変わる．したがって，右辺の力 F_x も同じように変わらなければ，別の基準ではこの法則は成り立たないことになってしまう．つまり相対論とつじつまが合う物理法則とは，その両辺が，同じように変換される式で表される法則ということになる．

　電磁気学の法則（マクスウェルの理論…6.12項）については，何も変更を加えなくても，従来の形のままで望ましい形になっていることが証明できる．そもそも電磁気学の法則から導かれる光速度不変性とつじつまを合わせるために相対論が登場したのだから予想されたこととも言えるが，その証明はそれほど簡単ではないので，ここでは紹介できない．関心のある読者はこのライブラリ第6巻を参照していただきたい．

　ニュートンの運動方程式については，従来の形に変更を加える必要があった．そして変更の結果として，物理学にとって非常に重要な知見が得られた．ここでは概略だけだが，そのことを紹介しておこう．

　まず，空間方向の運動方程式に加えて，時間方向の運動方程式というものも考える．たとえば空間が1次元（x 方向だけ）の場合には，2つの運動方程式

$$ma_x = F_x, \qquad ma_t = F_t \tag{1}$$

をセットで考える．別の基準 (x', t') での運動方程式を

$$ma_{x'} = F_{x'}, \qquad ma_{t'} = F_{t'} \tag{2}$$

と書こう．もし左辺の (a_x, a_t) と $(a_{x'}, a_{t'})$ の間の関係が，右辺の (F_x, F_t) と $(F_{x'}, F_{t'})$ の間の関係と同じだったら（具体的にはどちらもローレンツ変換で表されるのなら），式 (1) と式 (2) は同等な法則になる．つまり運動方程式は基準によらずに成り立つことになる．

8.8 運動方程式の変更

しかしそうなるためには，そもそも時間方向の加速度 a_t や，時間方向の力 F_t とは何なのかを考え，それらを適切に定義しなければならない．また，x 方向の加速度 a_x も，従来の定義のままでいいのかという問題もある．

詳しいことはやはり第 6 巻にまかせることにして，ここでは結論とその意味について説明しよう．

空間方向の加速度 a_x　　従来の加速度とは x の t での 2 階微分 $\frac{d}{dt}\left(\frac{dx}{dt}\right)$ だが，相対論では次のように変更する．

$$\text{相対論での加速度の定義：}\quad \gamma\frac{d}{dt}\left(\gamma\frac{dx}{dt}\right)$$

ただし $\gamma = \frac{1}{\sqrt{1-(\frac{v}{c})^2}}$ であり，v は従来の定義での物体の速度 $\frac{dx}{dt}$ である．ローレンツ変換で変換されるようにするためだが導出は省略する．

時間方向の加速度 a_t　　時間方向の加速度という表現は意味不明だが，形式的に，上記の a_x の定義式の中の x を t に置き換えたものと考えればよい．そうすると $\frac{dt}{dt} = 1$ なのだから

$$\text{時間方向の加速度の定義：}\quad \gamma\frac{d\gamma}{dt}$$

となる．ある時刻で物体の速度がゼロになる基準を考えよう．$v = 0$ なのだからその瞬間には

$$\frac{d\gamma}{dt} = \frac{1}{\left(1-(\frac{v}{c})^2\right)^{3/2}}\frac{v}{c^2}\frac{dv}{dt} = 0$$

になり $a_t = 0$ である．したがって，$ma_t = F_t$ という式が成り立つとすれば，その瞬間には $F_t = 0$ でなければならない．

時間方向の力 F_t　　これも意味不明な表現だが，相対論では力もローレンツ変換で変わる量とみなすと上で説明したので，そのことから F_t を定義する．基準 1 での力を (F_x, F_t)，基準 2 での力を $(F_{x'}, F_{t'})$ とし，基準 2 は基準 1 に対して速度 v で動いているとすれば

$$F_x = \gamma(F_{x'} + vF_{t'}), \qquad F_t = \gamma(F_{t'} + \frac{v}{c^2}F_{x'})$$

力は物体の速度によって異なるということだが，ある瞬間に物体が静止して見える基準での，その瞬間での力を F_{x_0}, F_{t_0} とすると，上での議論から $F_{t_0} = 0$ である．

ある時刻で，基準 1 から見て物体が速度 v で動いているとする．すると基準 2 ではその瞬間には速度はゼロだから，$F_{x'} = F_{x_0}$，$F_{t'} = 0$ になり，それを上の式に代入すれば，基準 1 での力が求められる（以下，次項に続く）．

8.9 質量エネルギー

前項の話を続けよう．一般に，速度 v で動いている物体に働く力は，速度がゼロに見える基準での力 F_{x_0} を使って

$$F_x = \gamma F_{x_0}, \qquad F_t = \gamma \tfrac{v}{c^2} F_{x_0}$$

と表されることがわかった．これにより，時間方向の力 F_t とは何であるかがわかる．実際，これを $ma_t = F_t$ という式に代入すれば

$$m\gamma \tfrac{d\gamma}{dt} = \gamma \tfrac{v}{c^2} F_{x_0}$$

もっとわかりやすい形に書けば

$$\frac{d}{dt}\left(\frac{mc^2}{\sqrt{1-(\tfrac{v}{c})^2}}\right) = vF_{x_0} \qquad (1)$$

となる．

物体のエネルギー　力に変位を掛けたものが仕事である．上式右辺では速度（= 変位 ÷ 時間）を掛けているので仕事率（単位時間当たりの仕事）である．仕事をすればエネルギーが変わる．仕事率で表せば

$$\text{エネルギーの変化率}\left(\tfrac{dE}{dt}\right) = \text{仕事率}$$

となる．これを式 (1) と比べれば，左辺の微分の中がエネルギーだということになる．詳しく言えば，速度 v で動いている質量 m の物体のエネルギーが $\frac{mc^2}{\sqrt{1-(\tfrac{v}{c})^2}}$ だということだが，相対論以前のエネルギーの式とどういう関係にあるのだろうか．

速度 v で動いている質量 m の物体のエネルギーといえば，従来は運動エネルギーの $\tfrac{m}{2}v^2$ だった．一見しただけではわからないだろうが，これは上式と密接な関係がある．

一般に $|x| \ll 1$ の場合に $(1+x)^n \fallingdotseq 1 + nx$ という近似公式がある．これは n が自然数ではない場合でも成り立ち，たとえば

$$\tfrac{1}{\sqrt{1-x}} = (1-x)^{-1/2} \fallingdotseq 1 - \tfrac{1}{2}(-x) = 1 + \tfrac{1}{2}x$$

なので，速度 v が小さい場合には $(x = (\tfrac{v}{c})^2$ だとして)

8.9 質量エネルギー

$$\frac{mc^2}{\sqrt{1-(\frac{v}{c})^2}} \fallingdotseq mc^2\left(1+\frac{1}{2}(\frac{v}{c})^2\right) = mc^2 + \frac{m}{2}v^2$$

となる．第 1 項は定数で，第 2 項は運動エネルギーそのものである．

従来の力学ではエネルギーは変化だけが重要で，その基準点は任意に選ぶことができた．つまり何らかの定数を加えて定義しなおすことができ，上式はその定数が mc^2 であるという式になっている．

つまりもし物体が m という質量をもっていれば，それだけで mc^2 というエネルギーをもっているということであり，これを**質量エネルギー**と呼ぶ．物体のエネルギーは低速では質量エネルギーと運動エネルギーの和として近似でき（位置エネルギーは考えなくていい場合），光速度に近い超高速では，より厳密な式で表されることになる．まとめると以下のようになる．

> 速度 v で動く質量 m の物体のエネルギー
> $$= \frac{mc^2}{\sqrt{1-(\frac{v}{c})^2}} \fallingdotseq \underset{(\text{質量エネルギー})}{mc^2} + \underset{(\text{運動エネルギー})}{\frac{m}{2}v^2} \qquad (\text{低速の場合})$$

エネルギーと質量 質量エネルギーという量には，単に定数を足したという以上の重要な意味がある．質量 m の物体が静止していたとしよう．その物体がもつエネルギーは mc^2 である．この物体を熱したとしよう．この物体がもつエネルギーはその分だけ増したはずである．だとすれば，この物体の質量も増えていなければならない．しかし物体を熱すると重くなるという現象を見たことはないだろう．これは，質量の増加が小さすぎるためである．たとえば鉄 1 kg の温度を 500 K 上げるのには 2.3×10^5 J ほどのエネルギーが必要だが，これによる質量の変化は $E = mc^2$ より

$$\text{質量の変化} = \frac{\text{エネルギーの変化}}{c^2} = \frac{2.3 \times 10^5 \text{ J}}{(3 \times 10^8 \text{ m/s})^2} \fallingdotseq 0.26 \times 10^{-11} \text{ kg}$$

これは小さすぎて測定不能な大きさである．

化学反応でも同程度のエネルギーの増減があるが，これによる質量の変化も小さすぎて測定不能である．

温度上昇による質量増加（鉄の場合）

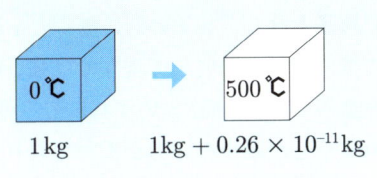

0 ℃ 1 kg → 500 ℃ 1 kg + 0.26×10^{-11} kg

8.10 ミクロな粒子のエネルギー

前項では，質量が増減することを実証することの難しさを示したが，質量エネルギーの変化が明らかにわかるプロセスもある．20世紀になって見つかった原子核の反応だ．

原子には中心部にプラスの電荷をもつ**原子核**があり，マイナスの電荷をもついくつかの電子がその周囲を動き回っている．原子は非常に小さな存在だが（10^{-10} m 程度），その中心部にある原子核はさらにその1万分の1程度の大きさしかない．しかしその質量は電子の数千倍もあり，原子の質量はほぼ原子核の質量だ．

原子核は，**陽子**と**中性子**という2種類の粒子から構成されている．その質量はほぼ等しく，わずかに（0.14％ほど）中性子のほうが重い．また陽子はプラスの電荷をもち，中性子は電荷をもたない（そのため中性子と呼ばれる）．原子核がもつプラスの電荷とは，その中にある陽子の電荷の合計である．

たとえば鉄原子の原子核の場合，陽子26個と中性子30個から構成されている．しかし鉄の原子核の質量は，陽子26個の質量と中性子30個の質量の合計よりも1％ほど軽い．このように，原子核の質量が構成粒子の質量の合計よりも少なくなることを**質量欠損**という．

これは測定によってはっきりと確認できる大きさだ．なぜこれほどの質量欠損が出るのだろうか．一般に結合エネルギーはマイナスなので，それがあれば質量は減る．原子核と電子の結合の場合，結合の原因は，プラスの電荷とマイナスの電荷の間に働く電気力だ．しかし電気力によって生じる結合エネルギー（化学反応のエネルギーでもある）は，質量エネルギーに比べれば圧倒的に小さい．

陽子や中性子の間（陽子どうし，中性子どうしの間も含む）には，別種の力が働いていると提案したのが湯川秀樹の理論だ（1934年）．陽子と中性子を総称して**核子**と呼び，核子の間に働く力を**核力**と呼ぶ．核力に関する湯川の理論はその後，さらに発展して現在では**強い相互作用の理論**となっている（グルオンの理論…次項参照）．いずれにしろ核子の間には，電気力よりも強い，しかし短距離でしか働かない力が働いており，それによる大きな（マイナスの）結合エネルギーのため，原子核に大きな質量欠損が生じる．

8.10 ミクロな粒子のエネルギー

ただし原子核が大きくなると質量欠損は減り始める．それは陽子間の反発力が働くためだ．核力は電気力よりも強い力だが，遠方には働かない．つまりすぐ近くにある核子どうしの間でしか働かない．しかし電気力は（核力と比べて）遠方まで働くので，陽子の数が増えると反発力の割合が大きくなり，結合エネルギーが減る．したがって非常に重い原子核（たとえばウラン）は，分裂してしまった方が結合が強い状態になる．これが**核分裂**である．分裂すると結合エネルギー（< 0）が増えるので，その分，プラスのエネルギーが余る．それを利用するのが原子力の原理である．

速度の限界 このように質量エネルギー $E = mc^2$ という考え方が正しいことが原子核の世界で明らかになった．では，$E = \frac{mc^2}{\sqrt{1-(\frac{v}{c})^2}}$ という公式はどのように確かめられるだろうか．この公式の特徴は，速度 v が光速度 c に近付くとエネルギーが急速に大きくなり，$v = c$ では無限大になってしまうことである．つまり粒子を光速度まで加速することはできない．

この公式はミクロな粒子を使って確かめられている．電子や原子核というミクロな粒子だったら，加速器という装置を使って（電気力を利用して）高速に加速することができる．現在，世界に存在する最高レベルの加速器では，電子や陽子を光速度よりも10の7乗分の1程度しか遅くない速度にまで加速できる．言い方を変えれば，このような加速器であっても粒子を正確に光速度までは加速できないということでもある．

質量ゼロの粒子 しかしここで疑問を感じた人もいるかもしれない．光速度とはもちろん光が進む速度である．そして前章では，光も光子と呼ばれる粒子の集団であるという説明をした．つまり光子という粒子は c という速度で動く．

一見，矛盾するようだが，むしろこれは上記の公式の意味を深める話である．$v = c$ だと $E = \frac{mc^2}{\sqrt{1-(\frac{v}{c})^2}}$ は無限大になってしまいそうだが，それを避けるには $m = 0$ とすればよい．すると $E = \frac{0}{0}$ となって値が決まらないが（不定になる），有限の値だとしても矛盾ではない．つまり光子は質量がゼロの粒子なのである（光子のエネルギーは量子論で光の振動数から決まる）．逆に，ある粒子の質量がゼロだったら，E がゼロになってしまわないためには $v = c$ でなければならない．つまり質量ゼロの粒子は必ず速度 c で動く．相対論の枠組みで考えれば粒子の質量がゼロになることが可能であり，光子はまさにそのような粒子なのである．

8.11 素粒子の世界

　質量エネルギーと関連した，ミクロの世界を理解するのに重要な話をもう1つしよう．それは粒子の生成・消滅という現象である．

　エネルギーは全体としては保存する（つまり一定だ）が，互いに転換する．たとえば落下物体では位置エネルギーが運動エネルギーに転換する．では質量エネルギー mc^2 が別のエネルギーと転換し合うことがあるだろうか．

　たとえば運動エネルギーが質量エネルギーに転換しうるとしたら，どのような現象が起こるだろうか．運動エネルギーが減少するとは粒子の速度が遅くなることを意味する．そしてその分，質量エネルギーが増加するとしたら，それは何らかの（質量をもつ）粒子が発生したことを意味する．といっても，高速で飛んでいる粒子に（何も力を受けないのに）急ブレーキがかかって，別の粒子が発生することはない．このような現象はエネルギー保存則とは矛盾しないが，他の法則（運動量保存則）に反してしまう．

　しかし，高速で飛んできた2つの粒子が正面衝突し，速度を落として跳ね返ったとしよう．その場合には，跳ね返った粒子の他に他の粒子が発生することが頻繁にある．最初の速度が十分に大きければ，数十の粒子が発生することもある．このような現象を**多重発生**という．

　質量は保存すると考えられていた19世紀には，粒子の発生など想像外のことだっただろう．しかし物質から光が放出されたり吸収されたりすることは誰でも知っていた．そして光が光子という粒子の集団だとしたら，光の発生・吸収とは，光子の発生・吸収に他ならない．光子の場合，その1つのエネルギーは $E = h\nu = \frac{hc}{\lambda}$ と表され（7.4項），たとえば赤い光（波長 $\lambda = 6 \times 10^{-7}$ m とする）の場合は

$$E = \frac{(6.6 \times 10^{-33}) \times (3 \times 10^8)}{6 \times 10^{-7}} \text{ J} = 3.3 \times 10^{-18} \text{ J}$$

である．一方，電子の質量エネルギー mc^2 は 3×10^{-14} J 程度なので，4桁も違う．この違いが，電子の発生は日常的には観察できない理由である．粒子の発生という現象自体は，自然界では特殊なことではない．

　またこのような衝突では，自然界には普通には存在しない重い粒子が生成されることもある．最近発見された粒子では，質量が電子の20万倍以上のもの

8.11 素粒子の世界

もある．このような粒子は，生成されてもすぐに，複数の軽い粒子に転換してしまうので，自然界で発見されることはない．加速器で電子や陽子を超高速で衝突させ，そのときに生成され軽い粒子に転換したという現象を，その軽い粒子の動きの観測から推測するのである．

このような実験を繰り返すことで，自然界に存在する粒子も，通常は存在しない粒子も含め，自然界の基本原理を構成している粒子を探り出し，その基本原理自体を探ろうとする学問が素粒子物理学である．

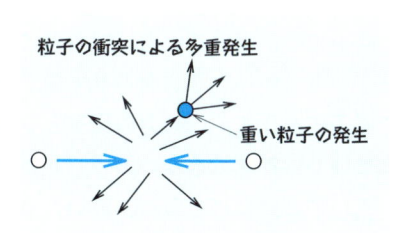

この本の最後に，現時点で，自然界の最も基本的な粒子は何だと思われているのか，まとめておこう．最も基本的な粒子と言っても1つではない．数え方にもよるが，少なくとも十数種類あるので，多少，こみいっている．

まず，大きく分けて，「物質を構成する粒子」と，それらの粒子を結び付ける「力の源泉になっている粒子」がある．

物質を構成する粒子は以前は電子と核子（陽子と中性子）だと思われていたが，現在は核子のほうは基本的な粒子ではなく，**クォーク**と呼ばれる粒子3つが結合したものだということがわかった．

クォークには6種類ある．それぞれ u, d, s, c, b, t という記号が付けられているが，陽子と中性子に関係するのは u と d だけで，その他は発生してもすぐに u または d に転換する．

一方，電子は，やはり6種類ある**レプトン**と呼ばれるグループの1つである．その他には，μ, τ という記号の付いた重い粒子，そして**ニュートリノ**と呼ばれる，非常に軽い3つの粒子がある．ニュートリノはこの自然界に無数に存在しているが，地球でも簡単にすり抜けてしまうような粒子なので，その存在には通常は気付かない．

次に，「力の源泉になっている粒子」を説明しよう．その1つが光子である．電気力と磁気力は相対性理論によって，1種類の力（**電磁力**という）の一部であることがわかったが（ライブラリ第6巻参照），その力は電場・磁場によって媒介される（第6章）．しかし20世紀になり，電場・磁場は光子という粒子

の集団ということになり，また電子などの素粒子のレベルでは，電場・磁場の効果とは，光子1つずつの生成・吸収の効果に他ならないことになった．たとえば2つの電子の間に働く電磁力は，一方から光子が生成されそれが他方に吸収されるという，光子を交換するプロセスによって生じる効果である．つまり電磁力の源泉は光子である．

　原子核の中では**強い力**（核力の主な部分）という別の力が働いている．それは3つのクォークを結合させて陽子や中性子を作り，陽子や中性子を結合させて原子核を作る．この力の源泉となる粒子を**グルオン**と呼ぶ．ただしこの粒子は単独では存在できないので，我々がそれを直接観測することはない．

　素粒子の間にはさらに，**弱い力**と呼ばれる力も働いており，多くの放射能の原因となっている．ニュートリノと他の粒子との間に働くのもこの力である．この力の源泉となる粒子（WおよびZと呼ぶ）は非常に重く（陽子の100倍近い），1983年に加速器実験で発見された．

　これらの3つの力（電磁力，強い力，弱い力）に対しては**標準理論**と呼ばれる理論ができているが，この理論はもう1つ，**ヒッグス粒子**と呼ばれる粒子の存在を予言していた．クォーク，レプトンそしてWやZに質量をもたせるメカニズムの中心として働く粒子である．この粒子は2012年にやっと発見されたが，その質量は陽子の約140倍もあった．

　これらの力の他に，誰でも知っている重力という力がある．しかし重力は素粒子レベルでは極めて弱く，この力を媒介するとされる，質量ゼロと思われている粒子（**重力子**と呼ぶ）が単独で観測される可能性は，今の所，考えられない．

章のまとめ

- **相対性原理** 互いに等速で動いている基準でどちらが動いているのかは，物理の法則からは決められない．力学の法則だけを考えるときはガリレイの相対性原理，電磁気（光速度）まで考えるときはアインシュタインの相対性原理．

- **速度の合成則（相対論以前）** 基準 1 から見て速度 v で動いている物体は，基準 1 に対して速度 v_0 で動いている基準 2 から見ると，速度 $v' = v - v_0$ で動いているように見える．

- **光速度不変性** 互いに等速で動いているどの基準から見ても，光の速度は変わらない．上記の速度の合成則には反する．相対論を構築するときの基本原理．

- **同時性の破れ** 離れた場所で起きた 2 つの現象が同時に起きたかどうかは，それを見る基準によって異なる．光速度不変性より導かれる．

- **時空** 時間方向と空間方向を組み合わせてできる広がり．時空内での物体の動きを表す線を世界線という．

- **ガリレイ変換** $x = x' + v_0 t$, $t = t'$. 相対論以前の，2 つの基準での時空の座標の間の関係式．相対論では次のローレンツ変換となる．

- **ローレンツ変換**
  $x = \gamma(x' + v_0 t')$, $t = \gamma(t' + \frac{v_0}{c^2} x')$ ただし $\gamma \equiv \frac{1}{\sqrt{1-(\frac{v_0}{c})^2}}$

- **速度の合成則（相対論）** $v = \frac{v' + v_0}{1 + \frac{v' v_0}{c^2}}$

- **相対論での x 方向の加速度** $\gamma \frac{d}{dt}\left(\gamma \frac{dx}{dt}\right)$
  相対論での時間方向の加速度 $\gamma \frac{d\gamma}{dt}$

- **相対論での時間方向の運動方程式**
  $\frac{d}{dt}\left(\frac{mc^2}{\sqrt{1-(\frac{v}{c})^2}}\right) = v F_{x_0}$ （F_{x_0} は，物体が静止して見える基準での力）
  エネルギーの変化率 $\left(\frac{dE}{dt}\right)$ = 仕事率 という関係式だとみなせる．

- **速度 v で動く質量 m の物体のエネルギー**
  $= \frac{mc^2}{\sqrt{1-(\frac{v}{c})^2}} \fallingdotseq \underset{\text{(質量エネルギー)}}{mc^2} + \underset{\text{(運動エネルギー)}}{\frac{m}{2} v^2}$ （低速の場合）

- **質量欠損** 複数の粒子が結合した場合，結合エネルギー（< 0）のために全体の質量が減る現象．

演習問題

●第1章

☐ **1.1** 以下のそれぞれの速さを km/時で求め，速い順番に並べよ．
 (a) 100 m を 10 秒で走る人
 (b) 時速 200 km で走っている新幹線
 (c) 赤道上での地球の自転の速さ（地球の半径を 6400 km とし，24 時間で 1 周すると考えよ）
 (d) 地球の公転の速さ（地球と太陽の距離を 1.5×10^8 km とし，365 日で 1 周すると考えよ）

☐ **1.2** 地球と太陽との距離を 1.5×10^8 km としたとき，太陽から地球まで，光は何分で到達するか．ただし光の速度は 30 万 km/s とする．

☐ **1.3** 時刻 t_0 で $x = x_0$ の位置にあり，その後，等速 v_0 で動いた．時刻 t_0 から t までの間の移動距離を求めよ．時刻 t での位置を求めよ．

☐ **1.4** 時刻 t_0 で $x = x_0$ の位置にあった．速度は最初は 0 で，その後，一定の増加率 a で増えた．次の値を求めよ．
 (a) 時刻 t での速度
 (b) 時刻 t_0 から t までの間の移動距離
 (c) 時刻 t での位置

☐ **1.5** 以下の 3 つの vt 図から得られる xt 図は，それぞれどれか．

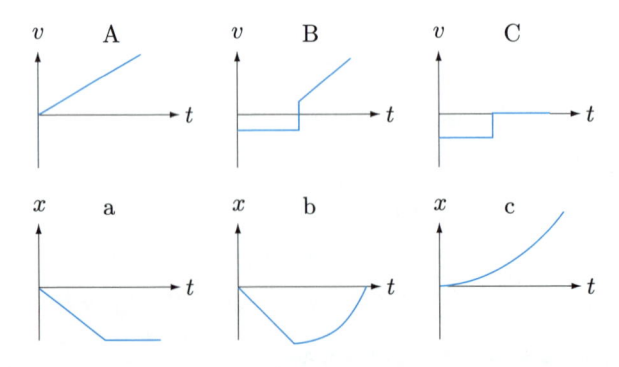

☐ **1.6** 物体が，速度 $v(t) = v_0 - at$ で動いており，また初期位置は $x(0) = x_0$ であったとする．ただし v_0, a, x_0 はすべてプラスの数とする．次の問いに答えよ．
 (a) この物体の動きを矢印で示せ．
 (b) 変位が減り始める時刻はいつか．

(c) 各時刻での位置 $x(t)$ を求めよ．
(d) xt 図を描け．

□ **1.7** 各時刻での速度が $v(t) = v_0 + at^2$ と表されるとき，時刻 0 から T までの平均加速度を求めよ．また，各時刻での瞬間加速度を求めよ．

□ **1.8** 150 km/時の速さで物体を鉛直方向に投げ上げた（プロ野球の投手の速球の速度）．空気抵抗が無視できるとき，この物体は何メートルまで上がるか．また何秒後に地表に落下するか．

□ **1.9** 時刻 t_0 での位置が x_0，速度が v_0 の等加速度運動（加速度 $= a$）の式は
$$x(t) = x_0 + v_0(t - t_0) + \tfrac{1}{2}a(t - t_0)^2$$
と表される．
(a) 微分を使って速度と加速度を求めよ．
(b) 時刻 t_0 での条件を満たしていることを示せ．

□ **1.10** 最初の速度が $10\,\mathrm{m/s}$，その後 30 秒間の加速度が $5\,\mathrm{m/s^2}$，その後の 30 秒間の加速度が $-3\,\mathrm{m/s^2}$ であった．最初から 1 分間の速度の変化を図示せよ．

□ **1.11** 時速 60 km の等速で目の前を自動車 A が通り過ぎて行った．それから 1 分後に，その場所から自動車 B が加速度 $600\,\mathrm{m/分^2}$ で発進し，2 分間，等加速度で加速した後に等速運動に移った．時刻 t（分で表す）での各自動車の位置を求め，xt 図を描け．また，自動車 B が自動車 A に追い付く時刻を求めよ．

□ **1.12** 時速 60 km で走っている自動車を，等加速度で減速して 50 m で停止させたい．必要な加速度の大きさを求めよ．重力加速度の約何倍か．

□ **1.13** 速さ v_0 で斜めに物体を投げたとき，どの角度で投げたときに最も遠くまで届くかを計算したい．
(a) x 方向は初速 v_{0x}，y 方向は初速 v_{0y}，また初期位置は $x = y = 0$ だとして，$x(t)$, $y(t)$ の式を書け．
(b) この 2 式から t を消去して，x と y の関係を求めよ．
(c) $y = 0$ となる x（つまり地上に落ちてくる位置）を求めよ．
(d) 投げるときの角度を θ とし，$v_{0x} = v_0 \sin\theta$, $v_{0y} = v_0 \cos\theta$ を代入して，(c) で求めた x（x_c と書く）と θ の関係を求めよ．
(e) $2\sin\theta\cos\theta = \sin 2\theta$ という公式を使って，x_c を最大にする θ を求めよ．
(f) $v_0 = 100\,\mathrm{km/}$時のとき，最大となる xc の値を求めよ．

●第 2 章

☐ **2.1** 一直線上で前後に運動している物体の動きを xt 図で表すと，下図のようになった．番号を付けたそれぞれの領域での力の方向（プラス方向かマイナス方向か，あるいは力 $= 0$ か）を答えよ．

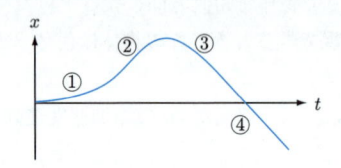

☐ **2.2** 月面上では，物体をそっと放すと 1 秒間に 0.8 m ほど落下する．加速度を求めよ．物体の質量が 10 kg であった場合には，重力は何 N か．

☐ **2.3** 台の上に質量 m の物体が置いてある．台が物体に及ぼす垂直抗力の大きさが mg になるのはつり合いから当然だが，内力（の一部）を考えても答えが同じになることを次の手順で確かめる．まず，物体をちょうど中央で上下に分けて考え，上半分を物体 A，下半分を物体 B と呼ぶ（図を参照）．どちらの質量も $\frac{m}{2}$ だとする．垂直抗力はこの 2 つの物体の接触面にも働いている（内力）．つり合いと作用反作用の法則を考えて，

(a) 物体 B が物体 A に及ぼす垂直抗力 F_1
(b) 物体 A が物体 B に及ぼす垂直抗力 F_2
(c) 台が物体 B に及ぼす垂直抗力 F_3

の順番に求めよ．

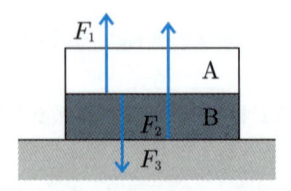

☐ **2.4** （動摩擦力）角度が θ の斜面で，質量 m の物体が滑っている．物体と斜面との間の動摩擦力係数を μ' としたとき，加速度を求めよ．

☐ **2.5** （円錐振り子）図のように，長さ l のヒモに質量 m の物体がつながれ，半径 r の円を描いて回っている．その速度 v を求めよ．ただしヒモの質量は無視し，ヒモはたわまないとする．

ヒント：速度が増せば，その勢いでヒモはさらに傾き，半径 r は増えるだろう．働いている力は，重力 (mg) と張力 (T) である．鉛直方向の力はつり合い，水平方向

の力がこの運動の向心力となる．

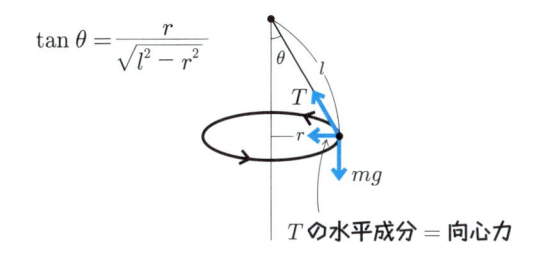

$$\tan\theta = \frac{r}{\sqrt{l^2-r^2}}$$

T の水平成分 = 向心力

☐ **2.6** 地表に立っている人は地面から垂直抗力を受ける．しかし空中に浮き，重力を受けて落下（自由落下）している部屋の中に立っている人は床から何も力を受けない（無重量状態）．その理由を説明せよ．

●第3章

☐ **3.1** 速度 v_0 で真上に投げ上げた物体はどこまで上がるか．エネルギー保存則 (3.1 項式 (3)) を使って計算せよ．その結果が，3.1 項左ページで得られる結果と等しいことを確かめよ．

☐ **3.2** 質量 2 kg の物体が速度 10 m/s で動いている．
 (a) 運動エネルギーを求めよ．
 (b) 20 N の力で逆向きに押して減速させたとする．この力で何メートル押していればこの物体は停止するか．

☐ **3.3** 最初は静止していた質量 m の物体を，一定の力 F で距離 x だけ，まっすぐ押した．他の力（重力も含む）はかかっていないとする．そのときの仕事 Fx が，物体が得た運動エネルギーに等しいことを示せ．

☐ **3.4** 鉛直にぶら下げたバネ（バネ定数 k）の先端に質量 m の物体を付ける．物体をバネの自然長の位置に持ち上げてからそっと放す．物体はどのような振動をするか．

☐ **3.5** 地球の周りの半径 r の円周上を，速度 v で回っている物体（人工衛星あるいは月）を考える．地球による万有引力の大きさは地球中心からの距離の2乗に反比例する．この力が円運動の向心力 $\frac{mv^2}{r}$ に等しい．
 (a) r と v の間の関係を，地表上の重力加速度 g と地球の半径 R を使って表せ．
 (b) その物体が地表上ぎりぎりを動いている場合，地球を1周するのにかかる時間 T を求めよ．ただし $R = 6400$ km, $g = 10$ m/s^2 として計算せよ．
 (c) 赤道を含む面上で，地球の自転と一緒に動いている人工衛星の高度 r はどれ

だけか（地球から見ると止まって見えるので静止衛星という）．
(d) 月は地球を1周するのに27.3日かかる．月までの距離を求めよ．

☐ **3.6** 地表から真上に投げられた物体が地球に永久に戻ってこないためには，最初にどれだけの速さ v_0 をもっていなければならないか．ただし飛んでいる途中では何も動力は使わず，また空気抵抗は無視できるとする．

☐ **3.7** 速度 $2v$ で動いている質量 m の物体が，静止している質量 $2m$ の物体に衝突して合体した．
(a) 合体後の速度 v' を運動量保存則から求めよ．
(b) そのときの運動エネルギーの変化を求めよ．
(c) 3.7項の課題2で，合体してしまうケースでの運動エネルギーの変化が (b) の結果に等しいことを確かめよ．
(d) なぜ等しくなるのか説明せよ．

● **第4章**

☐ **4.1** 20°Cの水1kg，30°Cの水500g，50°Cの水2kgを一緒にした．水は何°Cになったか．下図を参考にして計算せよ．

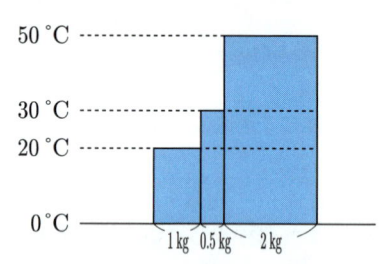

☐ **4.2** 20°Cの水1kgの中に，100°Cに熱した鉄1kgと，やはり100°Cに熱した鉛1kgを入れる．全体が等しい温度になったとき，それらは何°Cになっているか．ただし容器から熱は逃げないとする（水の比熱は1cal/度・g，鉄の比熱は0.11cal/度・g，鉛の比熱は0.03cal/度・gとして計算せよ）．
ヒント：答えを X°Cとすると，たとえば水は $(X-20)$ 度分の内部エネルギーが増加（$X > 20$ならば）したことになる．X を使って内部エネルギーが保存するという式を書き，X を求めよ．

☐ **4.3** 鉛の小球をいくつかまとめて10m落下させる．落下したときの衝撃によりこの小球は熱くなった．エネルギーが外部には出ていっていないとすると，鉛の温度は何度上がるか．落下したものが水だったらどうなるか．

☐ **4.4** 0°C，1気圧，1モルの理想気体の体積は約22.4Lである．気体定数 R を求

演習問題

めよ（すべて SI 単位系に換算して計算する．気圧の単位は SI 単位系では Pa（パスカル）である．1 気圧は 101325 Pa = 1013.25 hPa（ヘクトパスカル）に等しい．ヘクトとは 100 倍ということ）．

□**4.5** 0 °C，1 気圧，1 m³ の理想気体が入った容器がある．
  (a) 容器内には分子はいくつあるか．ただしアボガドロ数（1 モル内の分子数）は 6×10^{23} として計算せよ．
  (b) その容器の右半分に，正確に半分の分子がある確率と比べて，それから 1% ずれた粒子数が存在する確率の大きさはどれくらいか，4.9 項式 (1) から求めよ．ただし $a = 1$ と考えてよい．

□**4.6** 粒子数が N，内部エネルギーが U のとき，微視的状態数が

$$\rho = KU^{cN}$$

と表される物質があったとする．K と c は U に依存しない数である．
  (a) エントロピー $S (= k \log \rho)$ を求めよ．
  (b) ρ がこのように表される同じ物質からできた 2 つの物体 A と B がエネルギーを交換し合っている．それぞれの粒子数は N_A, N_B とする．エネルギーがどのように分配されたとき，全体の微視的状態数 (4.11 項式 (1)) は最大になるか．

ヒント：4.11 項式 (1) そのままではなく，その対数が最大になるという条件で計算したほうが簡単である．つまりエントロピー最大という条件になる．それぞれのエネルギーを U_A, U_B とすれば $\frac{U_A}{U_B} = \frac{N_A}{N_B}$（エネルギーは粒子数に比例して分配される）というのが答えになると予想されるが，それを確かめよ．

□**4.7** 固体が液体になる（融解する）とき，周囲から熱を吸収する．そのとき，その物体の温度は一定である（たとえば氷が水になる過程では温度は 0°C のままである）．周囲から見れば熱が出ていくのだから周囲のエントロピーは減少するはずだが，これはエントロピー非減少則に反しないか．

□**4.8** すべて逆向きに動かせる熱機関 (4.12 項) があったとすると，仕事 W をされ，低温部分から熱 Q_L を奪い，高温部分に熱 Q_H を与えるという冷却機関になる．熱機関にも冷却機関にもなれるのなら，4.12 項式 (2) と，4.12 項式 (3) が両立していなければならない．そのためにはどちらも等号が成り立っていなければならないことを示せ（正確に逆運転ができる熱機関の効率は最大効率でなければならないということを意味する）．

●第5章

□**5.1** 炭素1モル（12g）に1μCの負電荷をためたとする．これは炭素の電子が何個増えたことを意味するか．また，電子の総数に対するその割合を求めよ．1モル中の原子数は6×10^{23}個，炭素原子には6個の電子があると考えよ．電子がもつ電気量は5.5項参照．

□**5.2** (a) 1回の落雷で流れる電気量は10C程度である．継続時間が1000分の1秒だとすると，電流は何Aになるか．
(b) 1回の落雷で放出されるエネルギー（電力量）は，1000Wの電気機器（クーラーなど）を1台，10日間，連続運転できる程度である．これは何Jか．
(c) これは雲と地面との間にどの程度の電位差（電圧）があることを意味するか．
(d) 落雷が起きているときの雲と地面との間の抵抗はどの程度か．すべて有効数字1桁で求めればよい．

□**5.3** 水中に入れた電熱線で1Lの水の温度を10℃上げたい．電圧100Vで電流1Aを流れるとすると，何分間電流を流せばよいか．ただし電気エネルギーはすべて水の内部エネルギー（熱エネルギー）になるとし，また，水の熱容量は4.2J/gKとして計算せよ．

□**5.4** (a) 図の回路で，電流Iを右回り（時計回り）に定義した場合と，左回り（反時計回り）に定義した場合の，電位の式の違いを説明せよ．ただし，電位の変化は右回りに計算することにする．

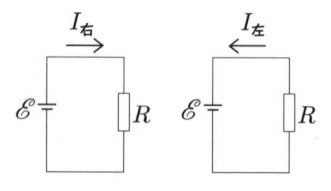

(b) また，電流Iを右回りに定義すると，電位の変化を左回りに計算した場合には，電位の式はどうなるか．

□**5.5** 起電力$\mathscr{E}$の電源に抵抗Rをつなげた．消費電力はすべて熱エネルギー（ジュール熱）になるとして，次の問いに答えよ．
(a) 電源に内部抵抗がない場合に，単位時間に抵抗で発生するジュール熱を求めよ．Rを変えてそれを最大にするには，どうすればよいか．
(b) 電源に内部抵抗rがある場合に，単位時間に（外部の）抵抗で発生するジュール熱を求めよ．Rを変えてそれを最大にするには，どうすればよいか．

演習問題

☐**5.6** 下のような回路を考える（電池に内部抵抗はないものとする）．図のように電流 I を定義したとき，キルヒホッフの法則を使って I の値を求めよ（回路は左右対称だから，回路上部の左側と右側の電流は等しいとした）．

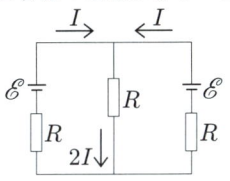

☐**5.7** 5.7 項課題 3(b) の回路で，AB 間の電圧が V であるとき，CD 間の電圧，EF 間の電圧を求めよ（解答で求めた，各部分の合成抵抗を使う）．

● **第 6 章**

☐**6.1** xy 平面の原点 O に電荷 q があったとする．座標 (x, y) で表される点 A での電場の大きさ E，および各成分 (E_x, E_y) を求めよ．

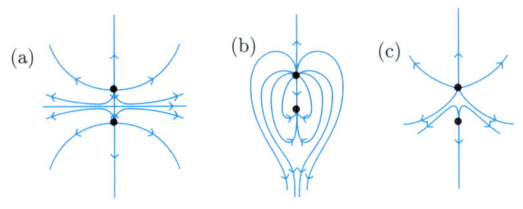

☐**6.2** 下の図は，2 つの電荷の組合せ (i) q と q, (ii) $2q$ と q, または (iii) $2q$ と $-q$ のいずれかによって生じる電気力線である（$q > 0$）．どれがどれに対応するか（上の黒丸が最初の電荷，下の黒丸が 2 番目の電荷であるとする）．その理由も述べよ．

☐**6.3** (a) 6.7 項で方位磁石を南向き（つまり正しい向きの逆）に置いた場合に何が起こるか，輪電流を使って説明せよ．

(b) 125 ページ下の図で，輪電流が逆向きに流れていたらどうなるか．それは磁石のどのような性質に対応するかを説明せよ．

☐**6.4** SI 単位系の磁場の単位は T（テスラ）であり，日本付近での地磁気は約 3×10^{-5} T である．無限に長い直線電流から 10 cm 離れた所に同じだけの磁場を作るには，どれだけの電流を流せばよいか．

☐**6.5** z 方向を向く一様な磁場がある空間の xy 面上で電荷が動いている．磁気力は常に運動方向と直角なので，この電荷は xy 面上を円運動することになる．電荷の電気量を q，速さを v，磁場の大きさを B としたとき，周期 T（1 周するのにかかる時間）および半径 r を求めよ．

ヒント：円運動の向心力は $\frac{mv^2}{r}$ に等しいことを使う．

☐**6.6** この導体棒の長さをlとしたとき，起電力の大きさを求めよ．起電力の大きさとは，それによって生じた電位差の大きさであり，電位差は電場から決まる．

☐**6.7** 6.12項のコイルを下に動かす図で，磁気力の法則は使わずに6.11項式(1)を使ったとしても，図に示した方向に起電力が生じることを示せ．

● 第7章

☐**7.1** 海面上を波長が600 mの波が動いている．そのとき海面に浮かんでいる船が20秒で1回上下した．
(a) この波の1秒当たりの振動数はいくつか．
(b) この波の速さを求めよ（7.1項式(1)を使う）．

☐**7.2** あるFMラジオ局の電波の振動数（周波数）が80 MHz（メガヘルツ）であった．電波の速度は光速度であり秒速約30万kmである．波長を求めよ（1 MHz = 1×10^6 Hz．1 Hz（ヘルツ）は1秒間に1回ということ）．

☐**7.3** 1秒間に10 Jの光を放出している電灯がある（電力にすれば10 W）．この光が，500 nmの波長の光であるとすると，1秒間にいくつの光子を放出していることになるか．

☐**7.4** （ボーア模型）電荷eの静止している原子核の周囲を，電荷$-e$の電子（質量m）が半径rの円軌道上を速度vで動いているとする．古典力学での運動方程式は

$$m \times \underbrace{\frac{v^2}{r}}_{\text{(質量 × 円運動の加速度)}} = \underbrace{\frac{e^2}{4\pi\varepsilon_0}\frac{1}{r^2}}_{\text{(電気力：クーロンの法則)}}$$

である．またボーアの量子条件（7.6項式(1)）は，基底状態（$n=1$の場合）に対しては

$$mv \times 2\pi r = h$$

である．以上の2式から，軌道の半径rを求めよ．
（答えはボーア半径と呼ばれ，正しい量子力学の計算によっても，水素原子の大きさの程度を表す量として登場する．）

☐**7.5** ド・ブロイの関係式（$p = \frac{h}{\lambda}$）によって与えられる電子の波長λが，結晶中の原子間の距離程度（10^{-10} mとする）になるための電子の速さvを求めよ．ただし電子の質量は$m \simeq 9 \times 10^{-31}$ kgとせよ．

☐**7.6** 体重50 kgの人間が秒速1 mで歩いている．その波長を求めよ．

☐**7.7** (a) $e^{i\theta}$の複素共役が$e^{-i\theta}$であることを，オイラーの公式を使って示せ．
(b) $e^{i\theta}$の絶対値が1であることを示せ．
(c) $\frac{de^{i a\theta}}{d\theta} = iae^{ia\theta}$であることをオイラーの公式と三角関数の微分公式を使って示せ．

演習問題 **197**

●第8章

□**8.1** $t=0$ 以降，しばらくは静止しており，それから加速してしばらく一定の速度で動いた後，また減速して停止するという動きの世界線を時空図に表せ．

□**8.2** 地上に対して左に動く電車基準では同時刻線が右下がりになることを，8.5項と同様にして図で説明せよ．

□**8.3** 等速で動いている電車の前後から光を発し，同時に電車の中央に着かせるには，どのように光を発すればよいか．このことから同時性の破れを説明せよ．

□**8.4** (**時間の遅れ**) 8.6項のローレンツ変換で関係づけられる地上基準と電車基準を考える．地上にずらっと，互いに時間を合わせた時計が並んで置いてある．また電車基準の原点 ($x'=0$) にも時計が1つ置いてあり電車に乗って動いている．その針がゼロを指す ($t'=0$) ときに同じ場所にある地上の時計の時刻 t もゼロだった．その電車上の時計が $t'=T$ を指すとき，そのすぐ横にある地上の時計の針が指す時刻を求めよ．

□**8.5** (**長さの縮み**) 地上に対して速度 v_0 で動いている電車に，長さ L の棒を置く．地上基準と電車基準の時刻と位置座標は8.6項の記号で表されているとし，この棒の片端は $x'=0$，他の端は $x'=L$ にあるとする．地上基準でのこの動いている棒の長さとは，地上基準での同時刻での両端の位置座標の差である．8.6項のローレンツ変換を使って計算せよ．

□**8.6** 同じ質量 m をもつ物体 A と B が，それぞれ速度 v と $-v$ で正面衝突して合体する．
  (a) 合体してできた物体の質量 M を，エネルギーは保存するとして求めよ．
  (b) その答えは $2m$ とはどう違うか．違う原因を述べよ．
  (c) この衝突を B が静止して見える基準で見たときの A の速度と，合体してできた物体の速度を，相対論での速度の合成則を使って求めよ．
  (d) 質量 m，速度 v の物体の運動量は mv ではなく γmv であるとすると，上問 (c) のプロセスは全運動量が衝突前後で保存していることを示せ．

演習問題解答

● 第 1 章

1.1 (a) $100\,\text{m}/10\,\text{s} = 10\,\text{m/s} \times 1\,\text{km}/1{,}000\,\text{m} \times 3{,}600\,\text{s}/1\,\text{時間} = 36\,\text{km/時}$,
(b) $200\,\text{km/時}$, (c) $2\pi \times 6{,}400\,\text{km}/24\,\text{時間} \fallingdotseq 1.7 \times 10^3\,\text{km/時}$,
(d) $2\pi \times 1.5 \times 10^8\,\text{km}/365 \times 24\,\text{時間} \fallingdotseq 1.1 \times 10^5\,\text{km/時}$

1.2 $1.5 \times 10^8\,\text{km}/3 \times 10^5\,\text{km/s} = 5 \times 10^2\,\text{s} \times (1\,\text{分}/60\,\text{s}) \fallingdotseq 8.3\,\text{分}$

1.3 移動距離 $= v_0 \times (t - t_0)$, 位置 $= x_0 + v_0(t - t_0)$

1.4 (a) $a(t - t_0)$, (b) $\frac{1}{2}a(t - t_0)^2$, (c) $x_0 + \frac{1}{2}a(t - t_0)^2$

1.5 A → c, B → b, C → a

1.6 (a)  ←――, (b) $t = \frac{v_0}{a}$, (c) $x(t) = x_0 + v_0 t - \frac{1}{2}at^2$,
(d)

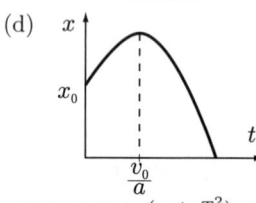

1.7 平均加速度 $= \frac{(v_0 + aT^2) - v_0}{T} = aT$, 瞬間加速度 $= \frac{d(v_0 + at^2)}{dt} = 2at$

1.8 最高点に達するのは速度がゼロになるときだから 1.10 項式 (1)(ただし $a = -g$) より $t = \frac{v_0}{g}$. そのときの高さは

$$x = v_0 t - \frac{1}{2}gt^2 = \frac{1}{2}\frac{v_0^2}{g}$$

初速度 $v_0 = 150\,\text{km}/3{,}600\,\text{s} \fallingdotseq 42\,\text{m/s}$, $g = 10\,\text{m/s}^2$ を代入すれば $x \fallingdotseq 88\,\text{m}$. 落下するのは $x = 0$ になるときだから $t = 2\frac{v_0}{g} \fallingdotseq 8.4\,\text{s}$. 最高点に達するまでの時刻の 2 倍である.

1.9 (a) 速度 $= \frac{dx}{dt} = v_0 + a(t - t_0)$, 加速度 $= \frac{d^2x}{dt^2} = a$, (b) $t = t_0$ を代入すれば $x = x_0, v = v_0$.

1.10

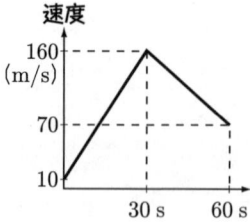

1.11 $v_\text{A}\,(\text{A の速度}) = 60\,\text{km}/60\,\text{分} = 1\,\text{km/分}$

$x_\text{A}\,(t\,\text{分後の A の位置}) = t\,\text{分} \times 1\,\text{km/分} = t\,(\text{km})$

最初の t 分（$t<2$）の B の速度と位置は
$$v_B = 0.6\,\text{km/分}^2 \times t\,\text{分} = 0.6t\,(\text{km/分})$$
$$x_B = \tfrac{1}{2} \times 0.6\,\text{km/分}^2 \times t^2\,\text{分}^2 = 0.3t^2\,(\text{km})$$

したがって 2 分後の B の速度と位置は
それぞれ $1.2\,\text{km/分}$, $1.2\,\text{km}$ だから，
その後の時刻 t 分での B の位置は
$$x_B = 1.2\,\text{km} + 1.2\,\text{km/分} \times (t-2)\,\text{分}$$
$$= 1.2t - 1.2\,(\text{km})$$
B が A に追い付く時刻は
$$t = 1.2t - 1.2 \quad \text{したがって} \quad t = 6\,(\text{分})$$

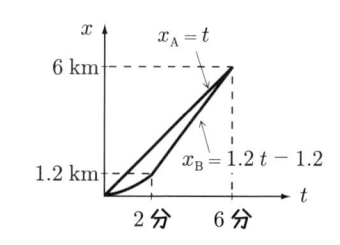

1.12 まず，必要な式を導く．初速度を v_0，必要な加速度を $-a$ とすれば，
$$v = v_0 - at, \quad x = v_0 t - \tfrac{1}{2}at^2$$
停止する時刻は $v = 0$ より $t = \frac{v_0}{a}$ だから，その時の位置は
$$x = v_0\left(\tfrac{v_0}{a}\right) - \tfrac{1}{2}a\left(\tfrac{v_0}{a}\right)^2 = \tfrac{1}{2}\tfrac{v_0^2}{a}$$
すなわち $a = \tfrac{1}{2}\tfrac{v_0^2}{x}$．具体的には，$x = 20\,\text{m}$ であり
$$v_0 = 60\,\text{km/時} = \tfrac{60 \times 10^3}{3{,}600}\,\text{m/s}^2 = \tfrac{50}{3}\,\text{m/s}^2$$
だから
$$a = \frac{\tfrac{1}{2}\left(\tfrac{50}{3}\right)^2}{20}\,\text{m/s}^2 \fallingdotseq 6.9\,\text{m/s}^2$$
重力加速度の約 0.7 倍（自動車に乗っている人は重力の 0.7 倍ほどの力を受けることを意味する）．

1.13 (a) $x = v_{0x}t$, $y = v_{0y}t - \tfrac{1}{2}gt^2$, (b) $y = \tfrac{v_{0y}}{v_{0x}}(1 - \tfrac{1}{2}\tfrac{gx}{v_{0y}v_{0x}})x$,
(c) $x = 2\tfrac{v_{0y}v_{0x}}{g}$, (d) $x_c = 2\tfrac{v^2 \sin\theta \cos\theta}{g}$,
(e) $x_c = \tfrac{v^2 \sin 2\theta}{g}$ より，最大になるのは $\sin 2\theta = 1$ になるとき（$\theta = \tfrac{\pi}{4}$），
(f) $x_c = (100\,\text{km/時})^2 \div 10\,\text{m/s}^2 \fallingdotseq 77\,\text{m}$

● 第 2 章

2.1 ① プラス（加速しているから），② マイナス（減速しているから），③ マイナス（マイナス方向への加速），④ ゼロ（等速だから）．

2.2 月表面の加速度を g' とすると，落下運動は $x = \tfrac{1}{2}g't^2$．$t = 1\,\text{s}$ で $x = 0.8\,\text{m}$ だとすれば，$g' = 1.6\,\text{m/s}^2$．$10\,\text{kg}$ の物体への重力は mg' より $16\,\text{N}$．

2.3 (a) $F_1 = \frac{mg}{2}$ (物体 A のつり合いより), (b) $F_2 = F_1 = \frac{mg}{2}$ (作用反作用の法則), (c) $F_3 = mg$ (物体 B にかかる 3 つの力のつり合いより)

2.4 加速度を a とすれば（斜面を下る方向をプラスとする),
$$ma = \text{重力の斜面方向の成分} - \mu' \times \text{垂直抗力}$$
$$= mg\sin\theta - \mu' mg\cos\theta$$

2.5 つり合いより
$$T\cos\theta - mg = 0 \quad (\text{つまり } T = \frac{mg}{\cos\theta})$$

また，向心力は $T\sin\theta$ であり，これが円運動の加速度 $\frac{v^2}{r}$ をもたらしているのだから,
$$m\frac{v^2}{r} = T\sin\theta = mg\frac{\sin\theta}{\cos\theta}$$

結局
$$v^2 = rg\frac{\sin\theta}{\cos\theta} = rg\tan\theta$$

2.6 地表に立っている人は，重力 mg を受けながら静止しているのだから，それとつり合う垂直抗力も受けており，それが自分の重さを感じる原因である．しかし問題の部屋は重力により加速度 g で落下している．したがってその中の人も同じ加速度で落下するが，それはその人に働く重力 mg によって生じるので，床からの力を受ける必要はない．つまり自分の重さを感じない．

●第 3 章

3.1 最高点の座標を x とする．そこでは $v = 0$ なのだから，式 (3) より
$$mgx = \tfrac{1}{2}mv_0^2 + mgx_0 \quad \Rightarrow \quad x = x_0 + \frac{v_0^2}{2g}$$

これは，本文左ページで得た結果と一致する．

3.2 (a) 運動エネルギーは公式に代入して
$$\tfrac{1}{2} \times 2 \text{ kg} \times (10 \text{ m/s})^2 = 100 \text{ kg m}^2/\text{s}^2 = 100 \text{ Nm}$$

(b) 距離 x だけ押したときに停止するとすれば，その仕事によって運動エネルギーがなくなるのだから,
$$x \times 20 \text{ N} = 100 \text{ Nm} \quad \Rightarrow \quad x = 5 \text{ m}$$

3.3 $ma = F$ より，加速度 $a = \frac{F}{m}$ の等加速度運動である．加速度 a の場合，初期位置を $x = 0$ とすると時刻 t では（初速度もゼロ)
$$v = at, \qquad x = \tfrac{1}{2}at^2$$

t を消去すれば $x = \frac{1}{2}\frac{v^2}{a}$ となるから，$a = \frac{F}{m}$ を代入して
$$Fx = \frac{1}{2}mv^2$$

3.4 自然長の位置はつり合いの位置から $\frac{mg}{k}$ だけずれているので，それを振幅とする，$x = 0$ と $x = -2\frac{mg}{k}$ の間の振動をする．

3.5 (a) 地球の質量を M，この物体の質量を m とすれば $\frac{mv^2}{r} = \frac{GMm}{r^2}$．また 3.6 項課題 1 より $GM = gR^2$ なので，$rv^2 = gR^2$ となる．

(b) $r = R$, $v = 2\pi\frac{R}{T}$ を代入すれば $T = 2\pi\sqrt{\frac{R}{g}}$．これに数値を代入すると 5×10^3 秒 $\fallingdotseq$ 1.4 時間 となる．

(c) $v = 2\pi\frac{r}{T}$ として (a) の式に入れれば $r^3 = \left(\frac{T}{2\pi}\right)^2 gR^2$．これに $T = 24$ 時間 $= 86400$ s と $R = 6400000$ m を代入すれば $r^3 = 77.5 \times 10^{21}$ m^3．これより $r \fallingdotseq 4.3 \times 10^7$ m $\fallingdotseq 6.7R$ となる．

(d) (c) の式に $T = 27.3$ 日 $= 2.36 \times 10^6$ s を代入する．$r \fallingdotseq 60R$ となる（ここでは万有引力の式を使ってこの結果を導いたが，ニュートンの時代には $r \fallingdotseq 60R$ は観測からわかっていたので，この計算は逆に，万有引力の式（逆 2 乗則）が正しいことの証明とされた）．

3.6 （問 3.5 と同じ記号を使う．）万有引力による位置エネルギーを $-\frac{GMm}{r}$ と書く．無限遠ではこれはゼロになり，また運動エネルギーはゼロ以上なので，力学的エネルギーはゼロ以上になる．エネルギー保存則から，出発点でも力学的エネルギーはゼロ以上でなければならないので
$$\tfrac{1}{2}mv_0^2 - \tfrac{GMm}{R} \geq 0$$
$GM = gR^2$ も使って計算すれば
$$v_0 \geq \sqrt{2gR} \fallingdotseq 11 \text{ km/s}$$

3.7 (a) 合体後の質量は $3m$ だから $m(2v) = 3mv'$．したがって $v' = \frac{2v}{3}$．

(b) 運動エネルギーの変化 $= \tfrac{1}{2}m(2v)^2 - \tfrac{1}{2}3m\left(\tfrac{2v}{3}\right)^2 = \tfrac{4}{3}mv^2$

(c) 合体前： $\tfrac{1}{2}mv^2 + \tfrac{1}{2}(2m)v^2 = \tfrac{3}{2}mv^2$
合体後： $\tfrac{1}{2}3m\left(\tfrac{v}{3}\right)^2 = \tfrac{1}{6}mv^2$

したがって差は (b) に等しい．

(d) この問題の衝突は，3.7 項の課題での衝突を，物体 B を基準に見たときの現象に他ならない．運動エネルギーが減った分は熱になるが，熱はそれを見る基準によらないので，減った量は等しくなければならない．

●第4章

4.1 20°Cを超えた分を全体で分け合うと考えると，全体では3.5 kgだから

$$\{(30-20)度 \times 0.5 + (50-20)度 \times 2\} \div 3.5 \fallingdotseq 18.6 度$$

これに20°Cを足して答えは約38.6°C.

4.2 ヒントの通り，水（比熱1 cal/度·g）がもらった熱が，鉄と鉛が与えた熱に等しいという式を書くと

$$X - 20 = (100-X) \times 0.11 + (100-X) \times 0.03$$

これを解くと$X \fallingdotseq 30$（°C）．

4.3 落ちる前の鉛の位置エネルギーは（質量Mとして）

$$Mgx \fallingdotseq 100M$$

（$g \fallingdotseq 10 \text{m/s}^2$とした）．落下した後の鉛の温度上昇を$\Delta T$とすると，内部エネルギーの増加は（1 kg当たりでは比熱は30 cal/度·kg = 4.2 × 30 J/度·kgなので）

$$\Delta U = M \times 4.2 \times 30 \times \Delta T$$

これが上の$100M$に等しいとすれば$\Delta T \fallingdotseq 0.8$度．同様の計算を水ですれば，比熱だけが1000 cal/度·kgに変わり，$\Delta T = 0.02$度となる．

4.4 すべてSI単位系（圧力はPa（パスカル），体積はm^3，温度は絶対温度K）にして代入すれば

$$R = \frac{PV}{T} = 101325 \times 22.4 \times 10^{-3} \div 273 \fallingdotseq 8.3 \text{J/K} \cdot モル$$

4.5 (a) 1m^3内の理想気体は$\frac{1000L}{22.4L} \fallingdotseq 44.6$モル．したがってそれにアボガドロ数を掛けて分子数は2.7×10^{25}個．

(b) 1%ずれているということは，$r = 0.505$．したがって

$$N(r-0.5)^2 = 2.7 \times 10^{25} \times 0.005^2 = 6.7 \times 10^{27}$$

したがって問題の答えは$10^{-6.7 \times 10^{27}}$．つまり小数点以下0が約「10の27乗×6.7」個，並ぶ数である．つまり1%（あるいはそれ以上）ずれる確率は，ありえないほど小さい．

4.6 (a) 対数の性質$\log xy = \log x + \log y$と$\log x^a = a \log x$より

$$S = k \log U^{cN} + k \log K = ckN \log U + （Uに依存しない数）$$

(b) $\log \rho_{AB}$を最大にするU_Aは，U_Aで微分してゼロとおけば得られる．

$$\frac{d\log U_\mathrm{A}}{dU_\mathrm{A}} = \frac{1}{U_\mathrm{A}}$$
$$\frac{d\log U_\mathrm{B}}{dU_\mathrm{A}} = \frac{dU_\mathrm{B}}{dU_\mathrm{A}}\frac{d\log U_\mathrm{B}}{dU_\mathrm{B}} = -\frac{1}{U_\mathrm{A}}$$

($U_\mathrm{B} = U_0 - U_\mathrm{A}$ より）を使えば

$$\frac{d\log\rho_\mathrm{AB}}{dU_\mathrm{A}} = \frac{d\log\rho_\mathrm{A}}{dU_\mathrm{A}} + \frac{d\log\rho_\mathrm{B}}{dU_\mathrm{A}} = \frac{cN_\mathrm{A}}{U_\mathrm{A}} - \frac{cN_\mathrm{B}}{U_\mathrm{B}} = 0$$

すなわち

$$\frac{U_\mathrm{A}}{U_\mathrm{B}} = \frac{N_\mathrm{A}}{N_\mathrm{B}}$$

となる．(物質が同じならば) エネルギーは粒子数に比例して分配される確率が最大という．予想通りの結果が得られた．

4.7 固体に比べて液体のほうが原子が自由に動ける余地が大きい．つまり微視的状態数が大きい．したがって物体自体は固体から液体になるときに（温度は変化していなくても）エントロピーが増えるので，周囲のエントロピーが減少していても全体としては減少しない．液体が気体になるときも同じことが起こる．

4.8 熱機関の効率の式（4.12 項式 (3)）は

$$\frac{W}{W+Q_\mathrm{L}} \leq \frac{T_\mathrm{H}-T_\mathrm{L}}{T_\mathrm{H}} \Rightarrow \frac{W+Q_\mathrm{L}}{W} \geq \frac{T_\mathrm{H}}{T_\mathrm{H}-T_\mathrm{L}}$$
$$\Rightarrow \frac{Q_\mathrm{L}}{W} \geq \frac{T_\mathrm{H}}{T_\mathrm{H}-T_\mathrm{L}} - 1 = \frac{T_\mathrm{L}}{T_\mathrm{H}-T_\mathrm{L}}$$

これが 4.12 項式 (2) と両立するにはどちらも等号が成り立っていなければならない．逆運転が可能だということは可逆だということだから，エントロピーが一定であり等号が成り立つのは当然である．

● **第 5 章**

5.1 $1\mu\mathrm{C}$ ($= 10^{-6}$ C) の電子数は

$$\frac{1\mu\mathrm{C}}{1.6\times 10^{-19}\,\mathrm{C}} = \frac{1}{1.6\times 10^{-13}} = 6.25 \times 10^{12}\,(\text{個})$$

したがって増えた割合は

$$\frac{6.25\times 10^{12}}{6\times 6\times 10^{23}} = 0.17 \times 10^{-11} = 1.7 \times 10^{-12}$$

5.2 (a) 電流 = 単位時間に流れる電気量 = $10 \div (10^{-3})$ A = 1×10^4 A (1 万アンペア)

(b) 電力量は 1000 W × $(10\times 24\times 3600\,\mathrm{s})$ ≒ 8.6×10^8 Ws ≒ 1×10^9 J

(c) 電力量 = 電圧 × 電流 × 時間 = 電圧 × 流れた電気量 だから

$$\text{電圧} = 1\times 10^9\,\mathrm{J} \div 10\,\mathrm{C} \fallingdotseq 1\times 10^8\,\mathrm{V}\ (1\,\text{億ボルト})$$

(d) 抵抗 = 電圧 ÷ 電流 = $1\times 10^4\ \Omega$

5.3 必要なエネルギーは $4.2 \times 10 \times 1000$ J $= 4.2 \times 10^4$ J. 電熱線では1秒当たり 100 J のエネルギーが発生するのだから，420 秒 $= 7$ 分かかる．

5.4 (a) 電位の変化を右回りに考えれば，電源（下から上）では電位上昇．また抵抗では，電流が右回りに流れているとき電位は右回り（上から下）に降下であり，電流が左回りに流れているときは電位は右回りに上昇である．したがって

$$\text{電流が右回り：} \quad \mathscr{E} + (-I_右 R) = 0$$

$$\text{電流が左回り：} \quad \mathscr{E} + I_左 R = 0$$

この結果，$I_右 = -I_左 \,(> 0)$ となり，電流が左回りであると考えたとしても，実際に流れている電流は右回りであることがわかる．

(b) 電位の変化を左回りに考えれば電源（上から下）では電位降下．したがって $-\mathscr{E} + I_右 R = 0$. これは右回りに考えた式全体に -1 を掛けた式に過ぎない．

5.5 (a) 電流は $I = \frac{\mathscr{E}}{R}$. したがって抵抗で発生する熱エネルギー（ジュール熱）は $I^2 R = \frac{\mathscr{E}^2}{R}$. これを最大にするには $R = 0$ とすればよい．抵抗が小さいほどジュール熱は大きくなり，結局は無限大になる．

(b) 電位の式は $\mathscr{E} - rI - RI = 0$. しがたって $I = \frac{\mathscr{E}}{R+r}$. ゆえに

$$\text{ジュール熱} = I^2 R = \frac{\mathscr{E}^2 R}{(R+r)^2}$$

これが最大になる R を求めるには，この式を微分して 0 とすればよい．

$$\text{上式の微分} = \frac{\mathscr{E}^2}{(R+r)^2} - \frac{2\mathscr{E}^2 R}{(R+r)^3}$$

これが 0 になるのは $R = r$ のとき．これ以上 R を小さくしても，電流が増えるので電源内部での発熱（$I^2 r$）は増えるが，外部での発熱は減る．

5.6 回路の左側のループで電位の式を考えると

$$\mathscr{E} - 2IR - IR = 0$$

したがって $I = \frac{\mathscr{E}}{3R}$（右半分がない場合の電流 $I = \frac{\mathscr{E}}{2R}$ よりも小さくなる．右側の電池は，左側の電池の部分に逆向きの電流を流そうとするからである）．

5.7 A のすぐ横の抵抗の右側と B との間の合成抵抗は，課題の解答にも記されている通り，$\frac{5R}{8}$ である．AB 間は，この抵抗と R との直列接続だから，電圧は比例配分され，

$$\text{CD 間の電圧} = \frac{\frac{5}{8}}{1+\frac{5}{8}} \text{V} = \frac{5}{13} \text{V}$$

同様に，CD 間は，抵抗 R と $\frac{2}{3}R$ との直列接続だから（課題の解答の図を参照）

$$\text{EF 間の電圧} = \frac{\frac{2}{3}}{1+\frac{2}{3}} \frac{5}{13} \text{ V} = \frac{2}{13} \text{ V}$$

● 第 6 章

6.1 OA の距離 $\sqrt{x^2+y^2}$ を r とすると，6.2 項の式 (1) より

$$E = k\frac{q}{r^2}$$

成分は，それに $\cos\theta$ および $\sin\theta$ を掛けたものだから

$$E_x = k\frac{qx}{r^3}, \qquad E_y = k\frac{qy}{r^3}$$

まとめると

$$\boldsymbol{E} = (E_x, E_y) = k\frac{q}{r^3}(x, y)$$

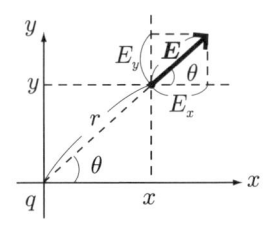

$$E_x = E\cos\theta = \frac{x}{r}E$$
$$E_y = E\sin\theta = \frac{y}{r}E$$

6.2 図 (a) は，電気力線がどちらからも同じように湧き出しているので (i)．図 (b) は，上から湧き出し（その半分ほど）下に吸い込まれているので (iii)．図 (c) はどちらからも湧き出しているが上からの影響の方が大きいので (ii)．

6.3 (a) 南向きに置くとは，北向きの場合と比べて輪電流の向きが逆であることを意味する．そのときの各辺に働く力はすべて内向きになる（図参照）．正確に南向きならば力はつり合うが，少しでも傾くと向きが逆転する．

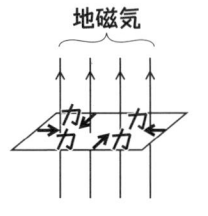

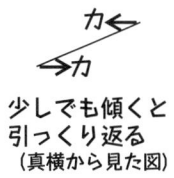

(b) 各辺に働く力は斜め下向き（内向き）になり，合力は下向きになる．これは磁石の S 極どうしの反発に対応する．

6.4 必要な電流を I とすると，条件式は SI 単位系にそろえて

$$\frac{\mu_0}{2\pi}\frac{I}{0.1\,\text{m}} = 3\times 10^{-5}\text{ T}$$

したがって

$$I = 3\times 10^{-5}\times 0.1 \div (2\times 10^{-7})\text{ A} = 15\text{A}$$

6.5 $\frac{mv^2}{r} = qvB$，したがって $v = \frac{qBr}{m}$．円運動をしているのだから，周期 T は円周 ÷ 速度．つまり

$$T = \frac{2\pi r}{v} = \frac{2\pi m}{qB}$$

周期は速度や半径に依存しない．つまり速度によって円の半径は変わるが，周期は変わらないことを意味する．たくさんの粒子がさまざまな半径で運動していても，周期は同じということである．周期が同じなので，角振動数 $\omega = \frac{2\pi}{T} = \frac{qB}{m}$ も同じであり，これを**サイクロトロン振動数**という．サイクロトロンという粒子加速器にこの原理が使われたことによる．

6.6 棒内部の電場を E とすると棒内部では電気力と磁気力がつり合っており

$$qE = qvB$$

なので $E = vB$ であり，棒の長さを l とすれば

$$棒の両端の電位差 = 電場 \times 距離 = vBl$$

6.7 上側が表になるように輪の向きを決めたとしよう（上から見て左回り）．コイルを下に動かすと（裏から表につらぬく磁場が増えて）6.11 項式 (1) の左辺はプラスになるので，起電力はマイナス．つまり右回りに電流が流れる．

● **第 7 章**

7.1 (a) 周期が 20 秒だから，振動数 $= \frac{1}{周期} = \frac{1}{20\mathrm{s}} = 0.05\,\mathrm{s}^{-1}$.

(b) 速さ $=$ 波長 $\times$ 振動数 $= 600\,\mathrm{m} \times 0.05\,\mathrm{s}^{-1} = 30\,\mathrm{m/s}$.

7.2 波長 $= \frac{速さ}{振動数} = \frac{3\times 10^5 \times 10^3\,\mathrm{m/s}}{80\times 10^6\,\mathrm{s}^{-1}} = 3.75\,\mathrm{m}$

7.3 波長 $\lambda = 5\times 10^2 \times 10^{-9}\,\mathrm{m} = 5\times 10^{-7}\,\mathrm{m}$, $h = 6.6\times 10^{-34}\,\mathrm{Js}$, $c = 3\times 10^8\,\mathrm{m/s}$ より，光子 1 つ当たりのエネルギー $= h\nu = \frac{hc}{\lambda} = 6.6\,\mathrm{Js} \times 3\,\mathrm{m/s} \div 5\,\mathrm{m} \times 10^{-34+8+7} \fallingdotseq 4.0\times 10^{-19}\,\mathrm{J}$. したがって 10 J 内には，$\frac{10\,\mathrm{J}}{4.0\times 10^{-19}\,\mathrm{J}} = 2.5\times 10^{19}$ 個の光子が含まれている．

7.4 量子条件から $v = \frac{h}{2\pi mr}$ だから，これを運動方程式に代入すれば

$$\frac{m(\frac{h}{2\pi mr})^2}{r} = \frac{e^2}{4\pi\varepsilon_0}\frac{1}{r^2}$$

これを整理すれば

$$r = \frac{4\pi\varepsilon_0}{e^2}\frac{h^2}{4\pi^2 m} = \frac{4\pi\varepsilon_0}{e^2}\frac{\hbar^2}{m}$$

（ただし $\hbar \equiv \frac{h}{2\pi}$ である．$\hbar$ は量子力学で h よりもよく使われる $\cdots$ 7.11 項参照）

解説：この値はしばしば $\frac{1}{\alpha}\frac{\hbar}{mc}$ とも書かれる．ただし $\alpha = \frac{e^2}{4\pi\varepsilon_0 \hbar c} \fallingdotseq \frac{1}{137}$ は**微細構造定数**と呼ばれ，電気力の大きさの程度を表す無次元の量である．また $\frac{\hbar}{mc}$ は，質量 m と自然界の基本定数を組み合わせてできる長さの次元をもつ量で，**コンプトン波長**と呼ばれている（$\frac{hc}{m}$ をコンプトン波長と呼ぶこ

演習問題解答

ともある）．電子の場合，$\frac{\hbar c}{m} \fallingdotseq 3.86 \times 10^{-13}$ m であり，これを 137 倍した 5.3×10^{-11} m がボーア半径となる．

7.5 $mv = \frac{h}{\lambda}$ より

$$v = \frac{h}{m\lambda} = \frac{6.6 \times 10^{-34} \text{ Js}}{9 \times 10^{-31} \text{ kg} \times 10^{-10} \text{ m}} \fallingdotseq 7 \times 10^6 \text{ m/s}$$

すべて SI 単位系で計算しているので，速さの単位も自動的に m/s（メートル毎秒）としてよいが，確認する場合はエネルギーの単位 J が $\text{kg m}^2/\text{s}^2$ であることを使う．Js/kg m = $(\text{kg m}^2/\text{s}^2) \times$ s/kg m = m/s である．

7.6 波長 = $\frac{h}{運動量}$ = $\frac{h}{質量 \times 速さ}$ = $\frac{6.6 \times 10^{-34} \text{ Js}}{50 \text{ kg} \times 1 \text{ m/s}} \fallingdotseq 1.3 \times 10^{-35}$ m．
注：これほど短いということは，波としての性質が見にくいことを意味する．

7.7 (a) $e^{-i\theta} = \cos(-\theta) + i\sin(-\theta) = \cos\theta - i\sin\theta$
(b) $\cos^2\theta + \sin^2\theta = 1$
(c) $e^{ia\theta} = \cos ax + i\sin ax$ だから

$$\frac{de^{ia\theta}}{d\theta} = -a\sin ax + ia\cos ax$$
$$= ia(\cos ax + i\sin ax) = iae^{i\theta}$$

● 第 8 章

8.1

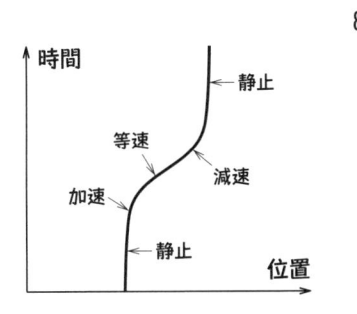

8.2

8.3 中央に同時に着くためには，右図のように（地上基準で見て）最後部から先に光を発しなければならない．光速度不変性より，電車基準では中央までかかる時間は同じ．したがって A と B は（地上基準では同時刻ではないが）電車基準では同時刻でなければならない．

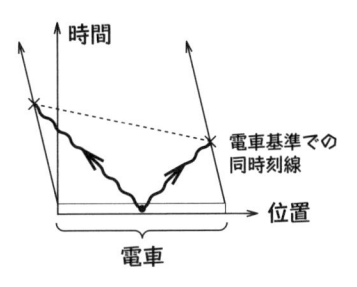

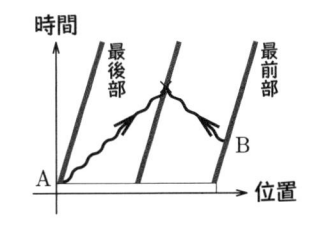

8.4 $t'=0$ で $x'=0$ のとき $t=0$ なのだから、これは 8.6 項式 (3) の式を満たしている。つまりこれらの時計の時刻はこのローレンツ変換の時刻 t と t' とみなしてよい。したがって $t'=T$ のときも同じ式を使って $t=\gamma T$ であることがわかる。$\gamma>1$ だから、地上の時計に比べて、電車上の時計の指す時間が遅れていることがわかる。動いている時計（すべての動いているものの現象の進行）は遅れるという相対論で有名な現象である。

8.5 $t=0$ での両端の差を求めよう。$t=0$ では $x'=0$ の端は式 (3) より $x=0$。また $t=0$ で $x'=L$ は、やはり式 (3) より $t'=-\frac{v_0}{c^2}L$。これを式 (2) に代入すれば

$$x=\gamma\left\{L+v_0\left(-\frac{v_0}{c^2}L\right)\right\}=\sqrt{1-\left(\frac{v_0}{c}\right)^2}L$$

これは L より小さいから、動いている物体の長さを測ると、実際の長さよりも短くなることがわかる。これも相対論で有名な現象であり、長さの縮みという。

8.6 (a) 衝突前の全エネルギーは $2\gamma mc^2$ であり、衝突後は Mc^2 なので、$M=2\gamma m$。

(b) $2m$ よりも大きい。運動していた物体が衝突すれば合体した物体は熱を帯びているので、そのエネルギー分だけ質量が大きくなる。冷えれば $2m$ になる（もし物体が変質していなければ）。

(c) 元の基準に対して $-v$ で動いている基準で見ることになる。この基準から見れば元の基準の速度は $+v$。物体 A の速度は v と v を合成して $\frac{2v}{1+(\frac{v}{c})^2}$。合体した物体の速度はゼロと v を合成して v。

(d) 物体 A の速度（上問）を v' とすると、物体 B は静止しているのだから全運動量は $\frac{mv'}{\sqrt{1-(\frac{v'}{c})^2}}$。衝突後は $\frac{Mv}{\sqrt{1-(\frac{v}{c})^2}}=\frac{2mv}{1-(\frac{v}{c})^2}$。$1-\frac{v'^2}{c^2}=\frac{(1-(\frac{v}{c})^2)^2}{(1+(\frac{v}{c})^2)^2}$ であることを使うと、衝突前後で運動量が等しいことがわかる。

索引

● あ行 ●

アンペア　101, 126

位置エネルギー　48
位置ベクトル　40
移動距離　16

動きの変化　30
運動エネルギー　48
運動の第1法則　27
運動の第2法則　29
運動の第3法則　34
運動方程式　29
運動量　60
運動量保存則　61

永久機関　77
エネルギー準位　148
演算子　160
エントロピー　84
エントロピー非減少則　86

オーム　101
オームの法則　99

● か行 ●

回転　75
外力　35, 68
化学エネルギー　97
拡散　76
核子　182
角振動数　57
撹拌　65
核分裂　183

核力　182
重ね合わせ　153
重ね合わせの原理　140
可視光線　142
加速度　18, 30
ガリレイの相対性原理　27, 165
ガリレイ変換　174
干渉　140
慣性質量　28, 46
慣性の法則　27

気体定数　73
基底状態　148
起電力　94, 100
基本単位　4
共存　153
共存度　155
キルヒホッフの第1法則　107
キルヒホッフの第2法則　107

空間軸　170
空洞放射　142
クーロン　101
クーロン電場　135
クーロンの法則　110
クォーク　185
組立単位　4
グルオン　186

原子核　90, 146, 182

光子　145
向心加速度　43

向心力　43
合成抵抗　104
光速度不変性　167
光電効果　144
光量子説　144
黒体放射　142
古典力学　138
コンプトン波長　206

● さ行 ●

サイクロトロン振動数　206
最大静止摩擦力　37
作用・反作用の法則　34

磁化　119
磁荷　118
紫外線　142
時間軸　170
時間に依存しないシュレーディンガー方程式　161
時間に依存するシュレーディンガー方程式　161
磁気現象　118
磁極　118
磁気力　118, 122
時空図　170
仕事　50
仕事の原理　52
自然長　54
磁束　132
磁束密度　120
質量　28
質量エネルギー　181
磁場　120

射影　22
射影仮説　157
シャルルの法則　72
周期　57
自由電子　92
自由度　75
周波数　139
自由膨張　74
重力加速度　19
重力子　186
重力定数　58
ジュールの実験　69
シュレーディンガー方程式
　　160
瞬間加速度　20
瞬間速度　15
消費電力　98
常微分　158
初期位置　9
初速度　11
磁力線　119
進行波　139
振動　56, 75
振動数　139
振幅　57, 139

垂直抗力　36
水流モデル　94
スピン　121
スペクトル　148

正極　93
静止摩擦係数　37
静止摩擦力　37
静電気　90
世界線　170
赤外線　142
絶縁体　92

絶対温度　73
絶対的に　165
絶対零度　73
前期量子論　149
全力学的エネルギー　49

相対性原理　27, 165
相対性理論　138
相対的に　165
相対論　138
速度　3, 16
速度の合成則　166, 176
速度ベクトル　40
ソレノイド　119

● た行 ●
第1種永久機関　77
第2種永久機関　77
帯電　91
多重発生　184
単原子分子　75
端子電圧　102
単振動　57

力　28
中性子　182
張力　35
直列接続　104

強い相互作用の理論　182
強い力　186

抵抗　98, 99, 100
抵抗器　98
抵抗値　99, 100
定常波　139
定積分　13
テスラ　195

電圧　95, 100
電圧降下　103
電位降下　103
電位差　100
電荷　90, 100
電気エネルギー　97
電気双極子　113
電気素量　101
電気抵抗　99
電気力線　113
電気量　100
電気力　110
電源　93
電子　90, 146
電子線回折　151
電磁誘導　132
電磁誘導の法則　132
電磁力　185
電池　93
点電荷　115
電場　112
電波　142
電流　93, 100
電力　98, 100
電力量　100

等加速度運動　20
同時性の破れ　169
等重率の原理　82
等速円運動　42
導体　92
等電位面　115
動摩擦係数　37
動摩擦力　37

● な行 ●
内部エネルギー　64
内部抵抗　103

索　引

内力　35
波の収縮　157

2原子分子　75
2スリット実験　140
ニュートリノ　185
ニュートン（N）　31
ニュートン定数　58
ニュートンの運動方程式　29

熱　66
熱機関の効率　87
熱力学第2法則　77
熱の仕事当量　69
熱の伝達　66, 76
熱平衡　71
熱容量　67, 68
熱力学第1法則　68
熱力学第0法則　71

● は行 ●

場合の数　78
波束　161
波長　139
発見確率　156
発電機　93
波動関数　155
バネ定数　54
速さ　16
半導体　92
万有引力の位置エネルギー　59
万有引力の法則　58

微細構造定数　206
微視的状態　83
微視的状態数　83
ヒッグス粒子　186

比熱　68
微分　15
標準理論　186
表面電荷　117

フォトン　145
負荷　98
不可逆過程　76
負極　93
復元力　54
複素波　159
フックの法則　54
物質波　150
物質量　73
プランク定数　143
プランクの量子仮説　143
フレミングの左手の法則　123

平均加速度　18
平均速度　14
平衡状態　71
並進運動　75
並列接続　104
ベクトル　38
変位　3, 16
変位ベクトル　40
変化率　3
変化量　3
偏微分　158

ボイルの法則　72
放電　92
ボーアの量子条件　149
ボーア模型　196
ボルツマン定数　73
ボルト　101
ボルンの規則　156

● ま行 ●

マクスウェルの理論　135
摩擦　65
摩擦電気　90

右ねじの法則　123

モル数　73
モル比熱　74

● や行 ●

ヤングの実験　140
有効数字　7
誘導起電力　132
誘導磁場　135
誘導電場　135

陽子　182
弱い力　186

● ら行 ●

ラザフォード模型　147

力学的エネルギー　49
（力学的）エネルギー保存則　49
離散的　148
理想気体　72
理想気体の状態方程式　73
量子欠損　182
量子力学　138

レプトン　185
レンツの法則　133

ローレンツ変換　175
ローレンツ変換の導出　175

索　引

ローレンツ力　128

● わ行 ●

ワット　100
輪電流　124

● 欧字 ●

γ 線　142

N 極　118

SI 単位系　4
S 極　118

vt 図　9

xt 図　9
X 線　142
X 線回折　151

著者略歴

和田 純夫
（わ だ すみ お）

1972 年　東京大学理学部物理学科卒業
現　在　東京大学総合文化研究科専任講師

主要著訳書
「物理講義のききどころ」全 6 巻（岩波書店），
「一般教養としての物理学入門」（岩波書店），
「プリンキピアを読む」（講談社ブルーバックス），
「はじめて読む物理学の歴史」（共著，ベレ出版），
「ファインマン講義　重力の理論」（訳書，岩波書店），
「グラフィック講義　力学の基礎」（サイエンス社），
「グラフィック講義　電磁気学の基礎」（サイエンス社），
「グラフィック講義　熱・統計力学の基礎」（サイエンス社），
「グラフィック講義　量子力学の基礎」（サイエンス社），
「グラフィック講義　相対論の基礎」（サイエンス社）

ライブラリ 物理学グラフィック講義＝1

グラフィック講義 物理学の基礎

2013 年 5 月 10 日 ©　　　　　　　　初 版 発 行

著　者　和田　純夫　　　　発行者　木下　敏孝
　　　　　　　　　　　　　印刷者　杉井　康之
　　　　　　　　　　　　　製本者　小高　祥弘

発行所　　株式会社　サ イ エ ン ス 社

〒 151–0051　東京都渋谷区千駄ヶ谷 1 丁目 3 番 25 号
営業 ☎ (03) 5474–8500 （代）　FAX ☎ (03) 5474–8900
編集 ☎ (03) 5474–8600 （代）　振替 00170-7-2387

印刷　（株）ディグ　　　製本　小高製本工業（株）
《検印省略》

本書の内容を無断で複写複製することは，著作者および
出版者の権利を侵害することがありますので，その場合
にはあらかじめ小社あて許諾をお求め下さい．

サイエンス社のホームページのご案内
http://www.saiensu.co.jp
ご意見・ご要望は
rikei@saiensu.co.jp　まで．

ISBN978–4–7819–1318–6
PRINTED IN JAPAN

―――――ライブラリ 物理学グラフィック講義―――――
和田 純夫 著

グラフィック講義 **物理学の基礎**
2色刷・A5・本体1900円

グラフィック講義 **力学の基礎**
2色刷・A5・本体1700円

グラフィック講義 **電磁気学の基礎**
2色刷・A5・本体1800円

グラフィック講義 **熱・統計力学の基礎**
2色刷・A5・本体1850円

グラフィック講義 **量子力学の基礎**
2色刷・A5・本体1850円

グラフィック講義 **相対論の基礎**
2色刷・A5・本体1950円

＊表示価格は全て税抜きです．

―――――サイエンス社―――――